U0160734

给孩子的中国古建筑

贾珺 著

中信出版集团 | 北京

图书在版编目（CIP）数据

给孩子的中国古建筑 / 贾珺著 . -- 北京：中信出
版社 , 2024.5
　　ISBN 978-7-5217-6277-8

　　Ⅰ . ①给… Ⅱ . ①贾… Ⅲ . ①古建筑 – 建筑史 – 中国
– 青少年读物 Ⅳ . ① TU-092.2

　　中国国家版本馆 CIP 数据核字（2024）第 004099 号

给孩子的中国古建筑

著　　者：贾珺
出版发行：中信出版集团股份有限公司
　　　　　（北京市朝阳区东三环北路 27 号嘉铭中心　邮编　100020）
承 印 者：北京联兴盛业印刷股份有限公司

开　　本：889mm×1194mm　1/32　　印　　张：11.5　　字　　数：237 千字
版　　次：2024 年 5 月第 1 版　　　　印　　次：2024 年 5 月第 1 次印刷
书　　号：ISBN 978-7-5217-6277-8
定　　价：78.00 元

图书策划：■活字文化

给孩子的中国古建筑

目 录

紫禁城太和殿剖面透视图

（引自李乾朗《穿墙透壁——剖视中国经典古建筑》）

① 屋脊
② 瓦顶
③ 檩
④ 梁
⑤ 藻井
⑥ 枋
⑦ 椽
⑧ 斗栱
⑨ 墙
⑩ 窗
⑪ 隔扇门
⑫ 柱
⑬ 墙
⑭ 踏步
⑮ 台基

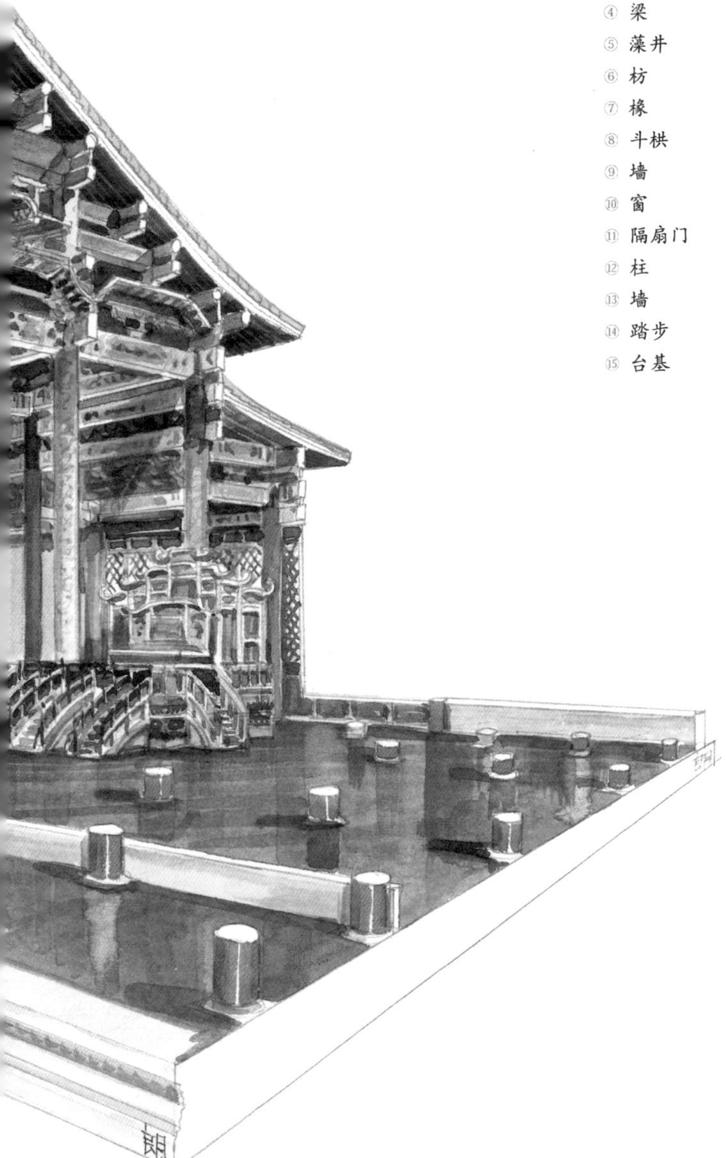

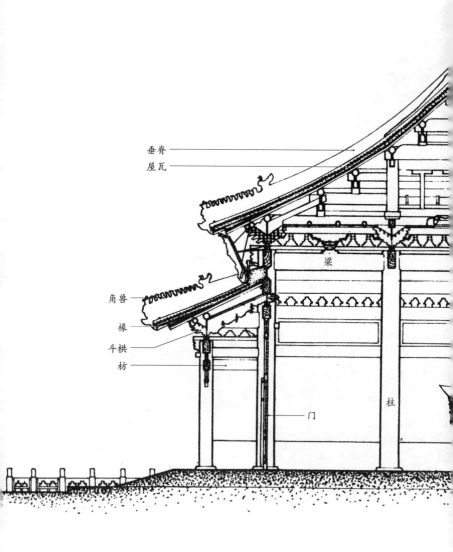

垂脊

屋瓦

角兽

椽

斗栱

枋

梁

柱

门

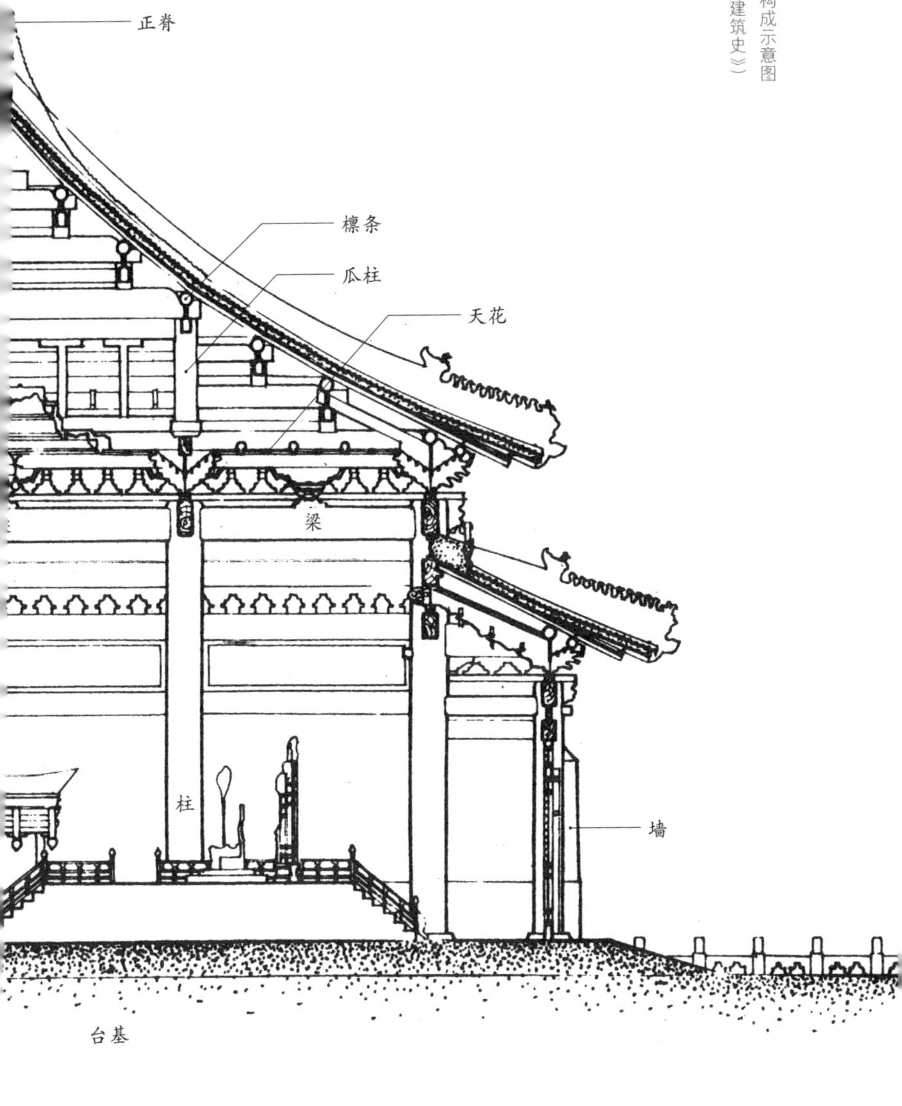
正脊
檩条
瓜柱
天花
梁
柱
墙
台基

典型中国古建筑构成示意图
（引自《中国古代建筑史》）

序言

中国位于欧亚大陆东部，版图辽阔，拥有世界上最复杂的地理环境：西部有凸起的青藏高原，东部有濒临大海的广袤平原，北部有茫茫草原，西北有大片的沙漠，西南有起伏的山岭与盆地，从南到北跨越热带、亚热带、暖温带、中温带和亚寒带，各地气候与物产千差万别。

这片神奇的土地孕育了古老的人类文明。从新石器时代开始，先民就能够利用木架、泥土和干草来建造简单的房屋。之后经过几千年的发展，在多民族文化的基础上，形成了独特的建筑体系。不同时代、不同地域的人们善于因地制宜，合理用材，创造出千姿百态的建筑，亭台楼阁、厅堂轩榭、塔窟馆舍各有特色。

中国古代建筑以木头作为主要的结构材料和装修材料，同时兼用砖、石、瓦、土、竹、草等辅助材料，从地基往上，依次构筑台基、屋身、屋顶，融坚固、实用和美观三重属性于一体，在科学与艺术层面都取得极高的成就。单体建筑可以组合成以庭院为主的群体空间，进而形成街坊、乡镇，乃至格局复杂的城市。

早在夏商时期，中国就已经出现了规模宏阔的都城，并且为君主建造巍峨的宫殿和豪华的陵墓。西周建立了明确的建筑等级制度，以专职的司空来管理官方工程。春秋战国时期礼乐崩坏，各国诸侯竞相砌筑高大的台榭。

秦朝统一天下，建立大一统的王朝，修建了壮观的宫室、苑囿、陵墓和万里长城。汉代的城市有进一步的发展，建筑的木结构体系已经基本成熟定型。东晋十六国和南北朝时期，中国一直处于分裂动荡的状态，民族融合和佛教、道教的昌盛给建筑带来新的变化，从古印度传入的佛塔和石窟演化成本土的样式。

隋唐时期的建筑的技术和艺术水平达到前所未有的高度，恢宏的城市、华美的宫殿和众多的寺观庙宇均具有雄浑博大的气质。宋代建筑趋向柔和绚丽，制定了完善的模数制度。元代建筑进一步融合各民族的建造技术和艺术手法，并受到更多的外来影响。

明清时期是漫长的中国古代建筑史的最后一个阶段，以首都北京为中心的皇家建筑高度程式化，形成严谨的空间序列，装饰较为繁复。各地的民间建筑更加多元化，东西南北风格各异。

历史上的这些建筑作为古人的栖居空间，一木一石，一砖一瓦，都承载着丰富的历史信息和深厚的文化内涵，值得今人悉心体味。正如梁思成先生和林徽因先生在《平郊建筑杂录》一文所说："无论哪一个巍峨的古城楼，或一角倾颓的殿基的灵魂里，无形中都在诉说，乃至于歌唱，时间上漫不可信的变迁；由温雅的儿女佳话，到流血成渠的杀戮……在光影恰恰可人中，和谐的轮廓，披着风露所赐予的层层生动的色彩；潜意识里更有'眼看他起高楼，眼看他楼塌了'凭吊兴衰的感慨。"

在漫长的岁月里，历经地震、风暴、洪水、虫蛀、战争、失火等各种自然灾害和人为破坏，中国古代绝大多数的建筑都已经灰飞烟灭，只有很少的一部分地面遗物和地下的遗址幸存至今，但通过有限的实物和大量的文献、图画，依然可以领略到古人精妙的匠心巧思，了解许多与建筑相关的故事。

这本《给孩子的中国古建筑》希望通过文字和插图向小读者们展示中国古建筑的绝世风采。全书分为十章，第一章"鬼斧神工"先交代古代以木构为主的建筑体系的基本特征，第二章"内外兼修"解析古建筑的台基、墙壁、屋顶、装修、彩画以及庭院组合等种种艺术表现形式。第三章"源远流长"叙述从上古原始社会到清朝结束，中国建筑几千年的发展历程以及各个时期的主要成就。后面的"壮丽重威""祭祀圣地""屹立如山""神佛世界""浮屠万千""民居大观""宛自天开"各章，分别介绍古代建筑中最具有代表性的宫殿、坛庙、陵墓、寺观、佛塔、住宅和园林七大类型，赏析经典实例，探寻其中隐藏的艺术与文化信息。

希望这本书能够得到孩子和家长的喜爱。

【悬山】

第一章

鬼斧神工

——中国古代建筑木构体系

木之乐章

所有的建筑，无论简单还是复杂，绝大多数都由特定材料制作的各种构件搭建而成，基本原理与积木差不多（少数在山崖或土层中挖出空间，例如石窟、窑洞，属于特殊情况）。

世界上不同的古老文明对于建筑材料各有侧重，比如资源匮乏的西亚地区依赖黏土来造房子，埃及和希腊地区以石材为主，而古罗马则擅长使用砖石和天然混凝土。中国古代建筑长期以木头为主要的材料，并且分成大木作和小木作两个系统。大木作包括柱、梁、枋（fāng）、檩（lǐn）、椽（chuán）等构件，组成房屋的承重结构；小木作包括门窗、天花以及室内隔断等等，负责建筑的围合、分隔以及内外的装修任务。打个比方来说，大木作就是一座建筑的骨骼，而小木作相当于皮肉。

当然，并不是说中国建筑只用木头一种材料。实际上，古代中国有很多用砖石营构而成的建筑类型，比如至今仍大量遗存的城墙、陵墓、石窟、塔幢等等。即便是寻常的建筑，也会同时使用土、石、砖、瓦来构筑地基、台基、墙壁、屋顶。按五行来说，这些材料都属于"土"的范畴，而木头属"木"，因此古人经常将建筑事务统称为"土木工程"。

对于延续几千年的中国古代主流建筑而言，木头始终是真正的灵魂和主角，其余的材料只是附属的配角。法国作家维克多·雨果将西方建筑称作一部"石头书写的史书"，那么中国建筑就是一曲"木头谱写的乐章"。

为什么中国人会一直坚持采用并不十分耐久的木头作为主要的建筑材料？这个问题曾经引发许多不同的解释，有人认为中国木材资源丰富而石材相对缺乏，有人认为是受到阴阳五行观念和"木德参天"思想的影响，也有人认为古代中国人把建筑只看作一种供人居住之用的容器，并不追求永久的保存价值，故而弃砖石而取木材。在这里我们不必讨论具体的答案，但需要强调的是，木头除了强度和耐久性不足的缺点之外，也有很多砖石材料所不具备的优点。

木质建筑的造价比较低，而且木材远比石头易于加工和运输。更重要的是，在建设过程中木材可以采用模数化、标准化的设计，以先预制后装配的方式进行搭建，大大地缩短施工周期。在此基础上，古代中国人总结出无数宝贵的经验，使得中国木构建筑体系达到高度成熟的地步。我们举一个简单的例子就可以说明。北京紫禁城于明朝永乐四年（1406年）开始筹建、备料，永乐十五年（1417年）正式动工，至永乐十八年（1420年）即已经基本建成——短短三四年即完成这样的恢宏巨构，不能不说是木构建筑优越性的最好体现。

木头具有很好的抗震性能，只要精心设计，注意保养，用木材同样可以建造出高大的建筑并长期屹立不倒。古代中国人能够在满足技术要求的前提下，最大限度地发挥木材的美学性能，精雕细琢，创造出完全不同于砖石建筑的艺术效果。例如山西应县的佛宫寺释迦塔，就是一座基本上纯以木头建造的佛塔，建于辽代清宁二年（1056年），距今已近千年，经历了地震、战争的重重考验，仍然完好保存着。此塔高达67.3米，把木结构的优势发挥得淋漓尽致，造型雄健大气，近于完美，其壮伟的艺术感染力不逊于西方任何一座哥特教堂。

中国古代所用木材种类很多，其中最重视楠木，可以保存千年，现在北京故宫、长陵等处还可见到珍贵的楠木大殿。此外，桧木、松木、杉木等质地坚硬的木料得到更普遍的应用。由于自然环境持续遭到破坏，良材日渐难得，清代不少建筑的梁柱不得不采用拼合法，也就是用好几块木材拼出一个构件，这正是应付木材匮乏的权宜之计。

近代以来，中国本土木构建筑逐渐衰微，今天我们的现代建筑基本上已经从属于以西方建筑为中心的全球化体系，传统建筑形式和技法经常被视作落后的象征。这种看法未免偏颇。我们不能简单地用今天的标准去苛求古人，而是应当知道，在现代混凝土、钢结构出现的很多年之前，中国人已经用木头建造出北魏洛阳永宁寺塔、唐代长安（今陕西西安）大明宫、明清北京紫禁城等无数伟大的建筑。同时，中国古代木构建筑在模数化设计、预制装备式施工以及独特的空间魅力等方面，都与现代建筑的不少理念有契合之处，而古人对于精致细节的孜孜追求，更值得浮躁的现代人认真学习。

空间形式

老子《道德经》曰："凿户牖以为室，当其无，有室之用。故有之以为利，无之以为用。"意思是说搭建房屋，开凿门窗，其中虚空的部分才具备使用价值，而梁柱、屋顶、墙壁这些实体部分只是形成空间的手段。可见中国古人很早就意识到建筑的核心在于空间，与车辆、器皿类似。

除了塔和亭子等特殊类型，中国古代大部分建筑的平面都是长方形的。通常以长边为正面，其长度尺寸叫"面阔"或者"面宽"；短边为侧面，又叫"山面"，长度尺寸称作"进深"。建筑平面通常会包含一排排柱子组成的柱网，每四根柱子之间的空间叫作"间"——这个字很有意思，外面是个"门"，里面是个"日"，表示阳光照进室内。

由此可见，"间"是古代建筑的基本单位，与我们现代建筑中"房间"的"间"不是一回事。中国古建筑可以在一间的基础上自由延伸，变成二间、三间乃至十几间，适应不同的地形，满足复杂的功能需求，正如《道德经》所说："道生一，一生二，二生三，三生万物。"每一座建筑都由一间至若干间组成，在此基础上可以分隔出大小不同的房间，也可以做成通畅的一个大房间。

古人通过计算柱子之间的空当数，来确定一座建筑面阔和进深方向的开间数目，一般都是奇数，少数情况下也有偶数出现。正面中间的一间叫作"当心间"或"明间"，两侧的叫"次间"，再两侧的就叫"稍间"，稍间两侧的叫"尽间"。明间一般要比次间、稍间、尽间宽一些，也可以一样宽，但通常不会窄于次间、稍间和尽间。

在古代社会，一幢建筑的面阔开间数越多，意味着等级越高，只有皇宫和寺庙的大殿才能达到九间以上，王公贵族的府邸厅堂可以达到七间，衙署和官员住宅可以达到五间，

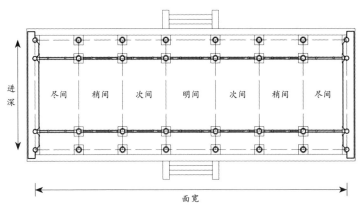

进深

尽间　稍间　次间　明间　次间　稍间　尽间

面宽

中国古建筑平面构成示意图

而老百姓的住宅通常不能超过三间。不过地位最低的庑（wǔ）房（正房之外的附属用房）和游廊有时会出现十几间甚至几十间的情况，属于例外。

大木构架

北宋初年，匠师喻浩在其著作《木经》中提出了一个论断——"屋有三分"，意思是说建筑可以分成上、中、下三个部分。"上分"指屋顶，"下分"指台基，"中分"就是屋顶和台基之间的屋身。如果我们用一个人来打比喻的话，台基就相当于人的脚，屋身好比是腿部、躯干和手臂，屋顶则很像是一顶大帽子。几乎所有的古建筑都包含这样区划分明的三个部分，整体与各个部分之间形成相应的比例关系，既保证了结构的合理性，又带来优美的造型。

屋身是房屋的主体，由大小木作和墙壁构成。中国古建筑的大木作和小木作分工明确，具有很高的科学性。大木作负责支撑屋顶或者楼板，最为重要，而小木作和墙壁只起辅助作用而不直接承重，因此中国古建筑也经常被形容为"墙倒屋不塌"——只要梁柱不倒，骨架屹立，房子当然不会塌。

中国建筑木构架的形式主要有三种类型，其中最常见的是抬梁式，其基本原理是首先在台基上竖立柱子，然后在柱子顶部承托横向的梁，梁上再竖立一种矮柱子。这种矮柱子清代名叫瓜柱，早先的时候又叫童柱、蜀柱和侏儒柱，都是形容其短小。瓜柱上再承托梁，梁上再加瓜柱，就这样一层一层地抬上去，最上面的那层梁上竖立一根位置最高的脊瓜柱，由此构成一个坡屋顶的轮廓。然后在每层梁的头上分别搁上檩条，檩条上钉椽子，铺上望板，最后再铺上瓦，就完成了最重要的大木作构架系统。此外，柱子之间还需要用一种横向的枋子加以串连，以加强彼此之间的联系，形成更稳定的整体结构。

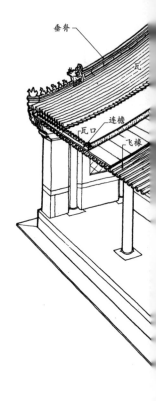

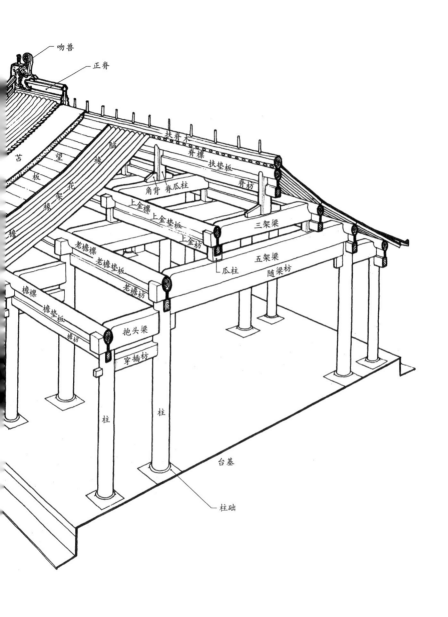

吻兽
正脊
扶脊木
脊檩
扶垫板
脑
苫
望
板
角背 脊瓜柱
脊枋
花架椽
上金檩
上金垫板
三架梁
上金枋
檩
老檐檩
老檐垫板
五架梁
瓜柱
随梁枋
老檐枋
檐檩
檐垫板
抱头梁
檐枋
穿插枋
柱
柱
台基
柱础

中国古建筑抬梁式木构架示意图
（引自《中国古代建筑史》）

柱子根据具体位置不同，一般都有专门的名字。比如正面最外侧邻近屋檐的一排柱子叫"檐柱"，里面的一排柱子叫"金柱"，角部的柱子叫"角柱"，位于进深方向中部位置的叫"中柱"。一般内侧的金柱要比外侧的檐柱粗一点。柱子的底部落在石柱础上，上端支撑横向的梁。今天我们经常会把一个团体或者家庭中负担最大的核心人物称作"顶梁柱"，反过来也正好说明柱子在建筑中承受最大的荷载。

梁有长有短，大多水平放置，唯有位于四角位置的角梁以及特殊情况下出现的斜梁才会斜着放。梁的截面通常为矩形，梁身平直伸展，有时也会故意做成弧形，仿佛弯月变成，称作"月梁"。明清时期的徽州民居和江浙民居的月梁上往往布满浮雕，甚至刻上整部《三国演义》，堪比连环画。

檩又叫槫（tuán）、檩条，垂直放在梁头上，水平放置，与梁头垂直，根据位置的不同各有专称。明清时期将最下面屋檐处的那根叫"檐檩"，最上边屋脊处的那根叫"脊檩"，其余都叫"金檩"。檩条的断面都是圆形的，与梁的矩形截面不同。在所有的檩条中，脊檩的地位最为重要，我们经常说的成语"雕梁画栋"中的"栋"字原来就专指脊檩而言，有时候会画上特别的图案，并带有匠人的题记。一座房子安装脊檩是搭建大木构架的最后一个步骤，通常要举行特殊的仪式庆祝一下，安装前的脊檩还会披上红布，好像出嫁的新娘子。整个过程被称作"上梁"，亲朋好友常常被邀请过来观礼，像过年一样热闹。

檩条的上面是密密麻麻排列的椽子。从檐口部位看，一长排椽子就像牙齿一样，唐代杜牧的《阿房宫赋》所说的

"檐牙高啄"，就是椽子的形象。最外面的一排椽子叫"飞椽"，宋代叫"飞子"，紧挨着飞椽的是檐椽。古建筑的飞椽的断面大多是方形的，而其余的椽子都是圆形的，所以有个口诀叫"圆椽方飞"，——当然有时也会有例外。大家熟悉的成语"如椽之笔"用来赞美某人的字或文章写得好、有力度，好像是用椽子那样粗的笔写出来的。

枋是重要的辅助构件，虽然不直接承托荷载，却对整个承重系统的稳固起着不可或缺的作用。枋基本上都位于柱子之间，通过拉牵来加强相互联系。明清时期官式建筑的每一根檩条的下面都带着一条与自己平行的枋，二者之间用薄薄的垫板连着，组成一个合作团队，统称为"檩垫枋"，又叫"檩三件"。从面阔方向看，檐檩之下、檐柱之间的枋子叫"檐枋"，重要的建筑在这个位置要设置两根额枋，分别叫大额枋和小额枋，好像是兄弟俩。大额枋的上面一般还加一道平板枋。如果建筑的前后有廊子的话，会在进深方向的柱子之间也都布置一根枋子，叫"穿插枋"。大大小小的枋子纵横穿插，把整个柱网箍成一个整体，不容易倾斜、倒塌。

椽子上头铺一层木板，叫"望板"，大概是因为从下面能望得见的缘故。铺到望板为止，大木作结构的工作基本上就差不多了。南方很多地方比较潮湿，木板容易腐烂，经常不铺这层望板。

大木作构件绝大多数都用榫卯的方式组合在一起——相接的两个构件的端头一个凸起，一个内凹，嵌合在一起，严丝合缝，其原理与人的骨骼关节是一样的。有些部位为了加固，也会使用钉子，比如椽子一般都是钉在檩条上的。

第二种木构架的形式叫"穿斗式"，西南地区用得比较多。这种建筑的柱子比较细密，不用梁，柱头直接承托檩条，柱子之间用纵向的"穿枋"和横向的"斗枋"串连起来。有时候穿斗式也会和抬梁式混合使用，尺寸较大的穿枋具有类似梁那样的承重功能。

还有一种木构架叫"井干式"，最为简单，不用柱子和梁枋，在四根原木两端分别开槽，相互咬合，构成长方形木框，再从下至上垒起来，看上去很像古代水井上的围栏，顶上再加檩条，铺上木板，构成屋顶。这种方式等于用厚重的木头实墙来承重，很费木材，主要应用于林区民居和高级陵墓之中，其他地方很少见。

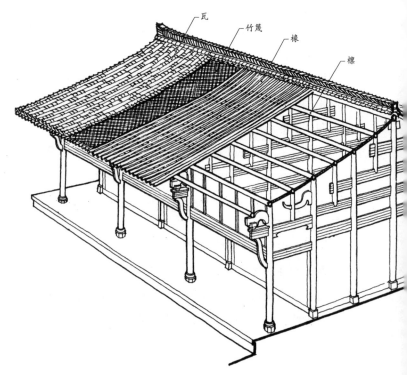

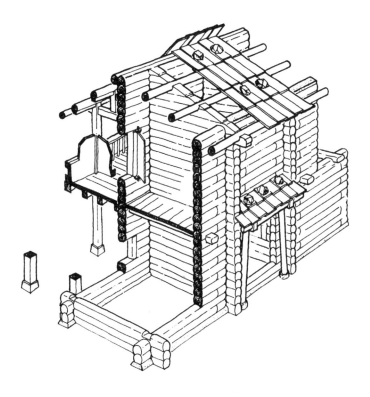

中国古建筑井干式木构架（引自《不只中国木建筑》）

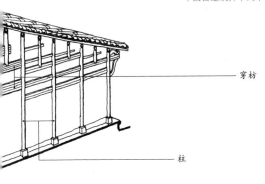

穿枋

柱

中国古建筑穿斗式木构架示意图（引自《中国古代建筑史》）

斗栱(gŏng)如花

斗栱是中国古代建筑特有的一种构件，由若干小构件拼装而成，通常安置在柱头、柱身或梁枋上，用来悬挑屋檐或承托上面的梁柱，并将柱网连成整体，均匀传递荷载。斗栱最早出现于周代，汉代大量应用，至唐代完全成熟。

斗栱最基本的构成元素是斗和栱，此外还可能使用一种名叫"昂"的斜向构件，彼此之间同样以榫卯来搭接。"斗"的上部呈方形，下部似漏斗；"栱"是两端处理成弧形的长木块，底部卡在下层斗中，端头又安斗，承托上层的构件。对应具体部位，斗和栱都有若干不同的种类，尺寸不一，各有专称，比如最底层的方斗叫"坐斗""大斗"，栱上的小斗一般叫"散斗"，清代又叫"升"。无论斗还是升，都是古代装

山西高平开化寺大殿斗栱

粮食的器具，取其形似。宋代的栱分为泥道栱、瓜子栱、慢栱、令栱，清代演化为瓜栱、万栱、厢栱。所有构件层叠交错，上下纵横，拼合成一组完整的斗栱。

整组斗栱是一层一层铺起来的，因此北宋《营造法式》称之为"铺作"，清朝又叫"斗科"。具体说来，柱头上的斗栱叫"柱头铺作"或"柱头科"，柱子之间的斗栱叫"补间铺作"或"平身科"，角部的斗栱叫"转角铺作"或"角科"。在计算斗栱数量时，宋代用的单位是"朵"，清代习惯用"攒"。

古代只有高等级的建筑才能使用斗栱。从外观看，斗栱宛如张开的手掌，又像是绽放的花朵，既具有重要的结构作用，又起到很好的装饰效果。

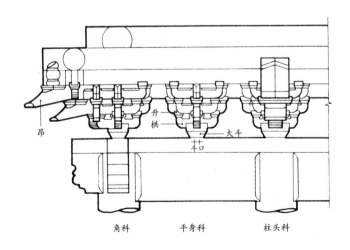

清式斗栱示意图（引自《中国古建筑木作营造技术》）

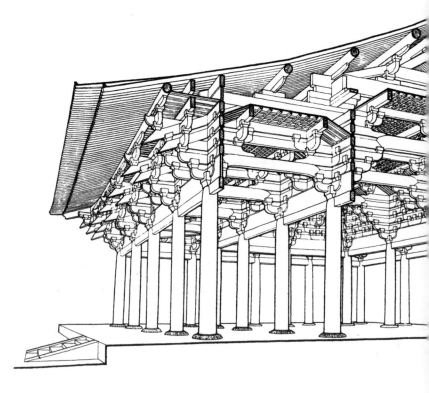

灵动线条

　　所有的大木作构件都经过精细的加工，不仅具有牢固的结构性能，同时也具有足够的形式美感。

　　许多构件的轮廓都不是简单的直线，而是处处充满弧线。例如明代之前的柱子通常中部较粗而上下两端有所收分，形如织布用的木梭，号称"梭柱"，显得非常挺拔。前面提到的那种弯曲的月梁被东汉王延寿《鲁灵光殿赋》形容为"飞梁偃蹇以虹指"，喻之为飞虹。直至清代江南建筑中进深较长的直梁的中部仍须向上略弯，称为"抬势"——除了有校正视差的作用外，更在视觉上具备了弹性。

　　古建筑这种独特的线条之美与书法有异曲同工之妙，弯直结合，飞扬灵动，生气勃勃。如果与汉字笔画对比，可以发现柱子宛如一竖，梁枋相当于一横，而屋顶很像一撇一捺。一幢房屋的剖面仿佛颜真卿、柳公权楷书的化身，银钩铁画，笔笔精彩。

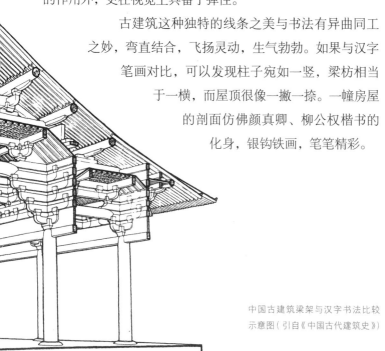

中国古建筑梁架与汉字书法比较
示意图（引自《中国古代建筑史》）

模数制度

中国古代建筑的大木作使用一套严谨的模数制度。具体地说，就是把建筑某一个最关键构件的尺寸作为一个基本的权衡指标，其余所有的构件尺寸都与这个尺寸存在固定的比例关系，由此形成的计算方法就叫模数制度，而用来承担权衡标准的构件尺寸就叫基本模数。每座建筑根据等级高低和规模大小，会首先确定其基本模数的具体数值，然后再按照公式一一推算各种构件的长度、宽度和厚度。当然，推算比例允许根据实际情况做一定的灵活调整，但不能超出规范的限额。

唐宋时期高等级的建筑通常以栱的截面作为基本模数，称作"材"，每一材高十五分，宽十分，其他构件的尺寸都可以折合成"分"的倍数。根据规模，建筑的用材标准从大到小一共有八个等级，其数值与古代音乐的黄钟律暗合。

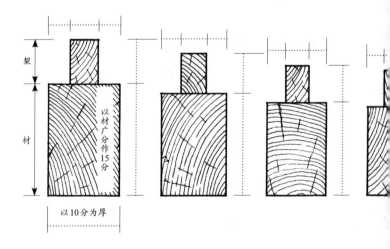

清代建筑以斗口为模数。所谓斗口，指的是平身科大斗正面的开口尺寸。《工程做法则例》按照斗口大小不同，规定了十一个等级，最大的六寸，最小的一寸，彼此分别相差半寸。一般建筑规模越大，则所用斗口就越大。柱、梁、枋、檩、椽各种构件都依照系数乘以斗口尺寸，比如檐柱高度是70斗口，柱径是6斗口，五架梁是7斗口高、5.6斗口厚。

不带斗栱的建筑以最外侧檐柱的直径为基本模数，先把这个尺寸定下来，其余的所有大木作构件再根据比例公式来计算尺寸，比如金柱的柱径是檐柱径再加一寸，主梁的高度是1.5倍檐柱径，厚度是1.2倍檐柱径，檩条的直径与檐柱径相同，椽子的直径约为三分之一檐柱径。

模数制体现了中国古代建筑卓越的科学性，方便计算，简化了设计过程。更重要的是，这种方法严格保证了建筑的安全性和合理性，同时也带来和谐美观的外形比例。

《营造法式》八等材比例示意图（引自《营造法式注释（上）》）

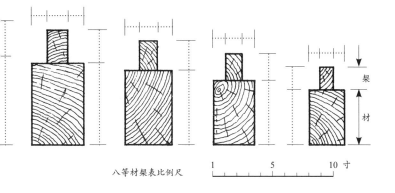

八等材栔表比例尺

1　　　5　　　10 寸

【重檐】

第二章

内外兼修

——中国古代建筑特征

坚实台基

古建筑的"下分"，也就是台基，一般至少要高出地面几十厘米，甚至好几米。台基下面还有基础，藏在地下，主要用结实的夯土筑成。

台基又叫"台明"，表示它是完全显露在地面上的，内部的实心部分也是夯土，通常情况下表面和四周会用石块和砖包砌，而且所有的边角处一定要用比较坚硬的石块，因为这些位置很容易受到硬物碰撞，需要加固，例如台基上表面最外侧四周铺一圈长条石头，明清时期名叫"阶条石"，四角分别各铺一块"好头石"，侧面四角设置"角柱石"。台基上预先按照相应的位置把石头做成的柱顶石埋好，并且露出一小段圆形截面的柱础，高出台基之上，以备安装柱子。

台基外侧的正中位置要设置台阶踏步，根据高低，从两三步至几十步不等。等级高的建筑台基可以做成复杂的须弥座，分好几个层次，上下刻有莲花瓣装饰。更重要的殿堂台基设有栏杆，往往用汉白玉来刻，号称"雕栏玉砌"。

北京太庙台基

河南许昌文庙大成殿台基踏步与丹陛

踏步都用大块的石料砌成，两侧还经常附加两条斜铺的石条，名叫"垂带"，侧面的三角形部分称作"象眼"。一些雄伟的大殿在台阶中央铺砌整块石头雕成的丹陛，又叫"丹墀（chí）"，云龙环绕，显得很隆重。还有些园林建筑故意用不规则的石头来砌筑踏步，称"山石如意踏跺"，北方又叫"云步"；如果用玲珑起伏的太湖石来做，还有个别致的名称，叫"涩浪"，意思是"凝缓静止的波浪"。

墙的功能

屋身部分除了主要的大木作构件之外，还包括土砌或砖砌的外墙。外墙根据位置的不同分为山墙、槛墙和后檐墙三种，明代以前多用土墙，明代之后以砖墙为主。

古代大多数建筑都会把侧面从下到上用墙封砌起来，这两面墙就叫"山墙"，因为其顶部是尖尖的三角形，有点像山峰。山墙很厚，但是通常并不承重，主要起围合和保温的作用，同时也可以在失火的时候阻止火势的蔓延，所以南方地区又把山墙称作"风火山墙"。

明清时期山墙的侧面最下面的一段高1米左右的部分叫"下碱"，上面部分叫"上身"，再上面随着坡屋顶高起的三角形部分叫"山尖"。有时候两座建筑的山墙会正好在一起，但又各自独立，彼此之间还留有几厘米的缝隙。

建筑正面窗户下面的墙就叫"槛墙"，一般砌80～90厘米高，上面即是窗台。槛墙虽然很矮，但位置很显眼，经常在墙心用砖拼出各种图案。

辽宁沈阳故宫麟趾宫外墙解析
① 山尖　② 山墙上身　③ 山墙下碱　④ 槛墙

后檐墙指的就是建筑的后墙，从台基一直砌到屋檐下。后檐墙上多数不开窗，或者只开较小的高窗。如果要开大窗，就不能设后檐墙，只能设槛墙。有的后檐墙只建到檐枋之下，墙顶做成弧线或折线，把上面的梁枋、椽子都显露出来。还有的后檐墙一直砌到屋顶，把梁枋和椽子都藏在墙内，檐口可以用砖砌成各种形式。

墙壁在建筑的外观占据了最大的面积，奠定了建筑的基本色彩，明清时期在门廊、墙头等部位经常附带精美的砖雕，可与石雕、木雕相媲美。

飘逸屋顶

古建筑的屋顶很难与大木作部分截然分开。从梁开始，通过梁、瓜柱、檩条的组合，逐渐把坡屋顶的基本轮廓塑造出来，等做到椽子的时候，屋顶差不多已经完成一半了。南方地区在椽子上直接铺瓦，北方地区在椽子上先铺望板，再抹砌由草与泥土混合而成的灰背，最后铺上瓦件，屋顶就盖好了。灰背是混杂了麻草与泥土的厚厚的防护层，兼有防雨和保温的功能。屋檐需要延伸出屋身较多的距离，而且一定要超出台基之外，以免雨水直接打在台基上。

屋顶上的瓦大多是先铺一层仰瓦，也就是凹面朝上的瓦，接着再铺一层凹面朝下的瓦，称为覆瓦，彼此上下咬合，样子有点像蝴蝶翻飞的翅膀，所以又有个很漂亮的名字叫"蝴蝶瓦"。等级高的建筑不用普通的覆瓦，而是采用一

种半圆形截面的筒瓦，显得更气派一些。宫殿、寺庙和王府大殿可以使用琉璃烧制的屋瓦，最为华丽。承德普陀宗乘之庙中有一座万法归一殿，屋面铺的是铜瓦，金光闪闪。

　　细心的读者很容易发现中国古建筑的屋顶剖面造型由两条优美的弧线组成。从剖面来看，古建筑的梁架部分基本上形成了一个三角形，但这个三角形的两条斜边实际上并不是直线，而是由若干条折线组成的。这些折线正是椽子的轨迹，每一段的斜度需要经过特定的公式计算，具体的计算方法称作"举折"。经过举折处理的椽子的组合折线决定了两侧的坡屋面都是凹入的弧面而不是笔直的斜面。这样可以更加有效地把落在屋面上的雨水排出去，而且赋予建筑以特殊的飘逸美感，被《诗经》形容为"如鸟斯革，如翚（huī）斯飞"，意思是好像鸟儿张开翅膀，又像五彩锦鸡在天空飞翔。

单坡

盝顶

悬山

藏族平顶

毡包式圆顶

平顶

歇山

三角攒尖

圆攒尖

盔顶

穹隆顶

八角攒尖

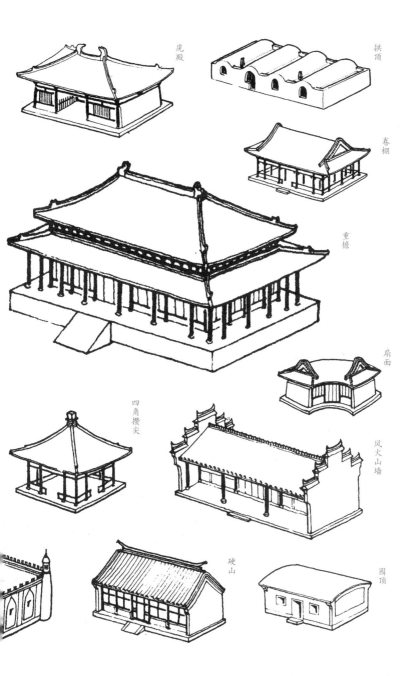

庑殿　拱顶　卷棚　重檐　扇面　四角攒尖　风火山墙　阁顶　硬山

中国古代建筑屋顶形式示意图（引自《中国古代建筑史》）

中国古代建筑的屋顶形式非常丰富，是表现建筑等级最重要的标志之一。等级最高的庑殿顶是一个四坡顶，一共有五条屋脊，所以又叫"五脊殿"。其次为歇山，也是四坡顶，与庑殿的差别在于两侧的坡顶增加了两个三角形的垂直面，一共有九条屋脊，所以叫"九脊殿"，形式最为复杂。

更低一级的屋顶形式只有前后两坡，同时屋面向两端延伸出山墙之外，名叫"悬山"。最简单的屋顶就是"硬山"，也是两坡顶，屋面只到两端山墙为止，不向两侧悬挑。

除了上面这四种之外，中国古建筑中还有一种特殊的屋顶形式叫"攒尖"，平面采用方形、圆形或者六角形、八角形等正多边形，各条屋脊在上空汇聚成一点，一般用在亭子和宝塔上面。四川、湖南地区在攒尖的基础上演变出一种盔顶，形如头盔，例如四大名楼之一的岳阳楼重建于清代，就是三重檐的盔顶样式。

在降雨偏少的地区，也会出现平顶建筑，比

左页图：洞庭湖畔岳阳楼（引自《湖南文化遗产图典》）

右页图：北京紫禁城角楼

如青藏高原的碉楼和云南的土掌房，还有北京地区的一种名为"拍子"的店铺。如果中央部分是平顶，四周做一圈批檐，则称为"盝（lù）顶"——盝是古代的一种竹盒，造型相似。此外，还有单坡顶以及拱形的屋顶。

如果在庑殿、歇山屋顶的下面再加一圈屋檐，就成为重檐庑殿、重檐歇山，规格比单檐庑殿、单檐歇山更高。更复杂的屋顶可以将不同的类型组合在一起，比如有的建筑进深很大，屋顶呈现前后并联的若干两坡顶的形式，称作"勾连搭"。

有的建筑在前面或者后面伸出单独的一段屋顶，与主体部分的关系类似勾连搭，但尺度明显要小于主体，形成"凸"

字形的平面，这种形式唐宋时期叫"龟头屋"，明清时期叫"抱厦"。北京紫禁城的角楼将若干歇山顶穿插相交，号称有七十二条脊，最为繁复。

屋脊是屋顶装饰的重点。中国古建筑以木结构为主，最怕失火，除了早期的屋顶曾经用铜鸟做点缀之外，后来主要用水生物造型来装饰。《汉纪》记载长安未央宫柏梁殿失火后重建，来自越地的巫师占卜说海里有一种尾如鸱（chī）鸟的神鱼能够激浪降雨，于是就开始在屋脊两端模拟这种鱼的形象，称"鸱尾"，以求压制火灾。另外，在屋顶的侧面曾经安装"悬鱼"和"惹草"，同样都是水里的东西。

"鸱尾"到了后世，演化为"鸱吻"，身份变成龙的九子之

西安唐代大明宫遗址出土鸱尾

一，据说"性好观望"，因此高踞屋脊两端，东张西望。鸱吻还有一个兄弟叫"嘲风"，骑在倾斜的垂脊上，其特质是"好险"。清朝官式建筑的鸱吻又叫"正吻"，形状比较规整，由卷尾、嘴头、背兽和背上的剑把几个部分组合而成，民间传说这是一条懒龙，会逃跑，张天师用宝剑把它压在屋脊上。住宅建筑大多不装鸱吻，两端有许多处理手法，有一种样式好像翘起来的小辫子，北方地区称之为"蝎子尾"。

古代建筑的屋角上常常站立许多小兽，关于它们的传说更多。北方官式建筑屋角最外侧一般是一个古人骑在一只形如母鸡的大鸟身上，俗称"仙人骑鸡"，其来历至少有五种不

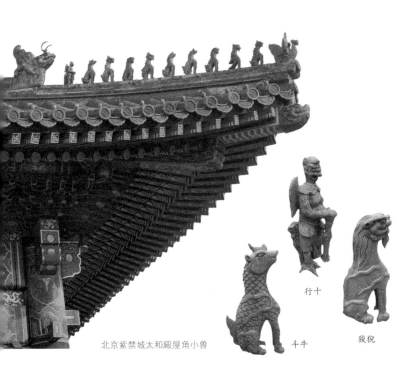

行十

斗牛

狻猊

北京紫禁城太和殿屋角小兽

同的说法：一是大鸟搭救走投无路的齐湣王，二是姜太公骑着四不像，三是神仙骑凤，四是大禹骑神鸟治水，五是由麒麟送子变化而来。屋角小兽的数量多寡由建筑等级决定。以最隆重的紫禁城太和殿为例，其屋角在"仙人骑鸡"之后依次排列龙、凤、狮子、海马（长得很像陆地上的马）、天马（比海马多了双角双翅）、狻猊（suānní，一种形似狮子、能喷射焰火的怪兽，也是龙的九子之一）、押鱼（身带鱼鳞、后拖鱼尾的怪兽）、獬豸（xièzhì，独角羊的变体）、斗牛（虬龙的别称，阴雨天能散播云雾），都蹲在垂脊上，唯有最后一个形似猴子的小兽是站着的。此小兽因为位居第十而得名"行十"，它手按金刚杵，背生双翅，威风凛凛。

明清时期很多地位较低的建筑没有屋脊，屋顶的两个坡面相交的最高处被处理成圆弧的形式，称"卷棚"。

外檐装修

前文已经交代过，一座建筑的木质主体部分分为大木作和小木作两个系统，其中小木作主要起围合或分隔、装饰的作用，没有承重的功能，但地位也很重要。一座建筑往往因为大木作而显得宏伟，因为小木作而变得生动、精致。小木作的形式可以有很多细节变化，不但与石基、砖墙、瓦顶差异明显，同时也和刚劲的大木作构件形成虚实、体积、色彩方面的对比。

小木作的本质相当于木装修，凡属室外的部分就叫"外檐装修"，包括楣子、栏杆、门窗；室内部分叫"内檐装修"，包括天花、藻井、隔断等。

檐柱之间可以安装木质栏杆，比石栏杆要轻灵得多。明清时期北方官式建筑的前廊一般会在檐柱间枋子下面设置一种镂空的长框，这种长框叫"吊挂楣子"；与此相对应，下面也会同时再设置一种窄窄的坐凳，只有40～50厘米高，既可以坐人，又有栏杆的作用，所以叫"坐凳栏杆"。两根檐柱之间的吊挂楣子和坐凳栏杆构成一幅美丽的景框，还可以通过阳光的照射在门窗和槛墙上留下生动的投影。江南园林的亭榭在廊子一侧会设置一种特殊的座椅，椅背做成弧形，称作"美人靠"。

木制门主要有板门和隔扇门两类。板门实际上就是实心门，主要用在门洞或门屋里，用厚木板拼成门扇，体量很高大，防卫性也很强。紫禁城太和门上所装的门扇，双扇对开，单扇宽2.60米，高5.28米，门板的厚度约20厘米，每扇要用2.85立方米的木材，重量超过1.5吨。有些城门的大门尺寸更大，要达到二十四尺（约合7.68米），足以容纳一个人骑

吊挂楣子与坐凳栏杆

着马、拿着长矛从中穿过。板门一般都附有装饰，等级高的门扇上装有门钉，门钉的数量也有严格规定，只有宫门上才有九九八十一颗门钉。除了门钉，门扇上还装有铺首，表现为一种兽头形象，嘴里咬着铜环，可以用来敲门，也有辟邪的意义。

隔扇门在宋朝又叫格子门，一般安装在普通建筑的柱间，带有镂空的格子。隔扇门一般以四扇最常见，也有六扇或八扇，其中只有中间的两扇可以开启，其余都是固定的。外面经常装上帘架，挂上门帘。

窗户的形式比门多得多。唐宋时期的直棂窗安装三棱形

北京紫禁城太和门板门

北京天坛皇穹宇东配殿隔扇门窗

山西五台南禅寺大殿直棂窗（王南摄）

北京颐和园乐寿堂支摘窗

断面的固定棂条，不能开启。有一种闪电窗，装的是弧形的木条，好像波浪一般。格子窗与格子门相似，设有带花格的窗扇，晚期演变为格扇窗。还有一种支摘窗，分作上下两扇，上部可以推开，并通过窗钩支起来，下部平时一般是固定的，夏天的时候则可以摘下来，更加利于通风。

　　明清时期门窗的花纹很丰富，以菱花为最高等级，民间则以灯笼框和步步锦最为常见，此外还有冰裂纹、万字、套方、龟背锦等多种图案。窗格上通常糊上一层薄纸，可以透光。园林中往往会采用更复杂的花窗，如放大的剪纸，与窗外的景致相得益彰。

江苏苏州狮子林冰裂纹花窗

内檐装修

　　中国古代建筑内檐装修最重视安装"天花"，天花不但可以挡住屋顶落下的灰尘，更可以美化室内空间。唐宋时期的天花有个很好听的名字，叫"承尘"，分为平棊（qí）和平闇（àn）两种类型：平棊用木条分成大块的方格网，然后铺木板，画彩画；平闇用木条分成细密的方格网，也铺木板，但不再画彩画。这两种天花都很厚实，人站在上面也不会出事。《宋史》记载南宋初年有个叫康履的宦官，苗刘兵变的时候曾经跑到一座楼阁的天花板上躲起来。1937年，梁思成先

山西五台佛光寺大殿平闇（张荣摄）

生与同人发现了唐代木构建筑佛光寺大殿，曾经连续几天钻进天花板中测量绘图，里面藏着许多蝙蝠和臭虫，还有很厚的积灰，让他们吃了不少苦头。

　　明清时期高等级的天花叫"井口天花"，用木头支条纵横交叉，搭成井字形的方格，作为天花的骨架，再在上面放一块一块的木板，板上画精美的花草图案，手法类似平棊。等级低的是海墁天花，又叫"软天花"，具体做法是内衬用木条、秫秸杆子作龙骨，外表糊一层麻布、白纸或暗花壁纸，从下面看上去是一大片顶面。

　　江南地区有一种非常精致的天花做法，用椽子形状的木构件和木板在屋顶下增加一层屋顶，称作"轩"，可以做成许多别致的造型来。比如有的呈圆拱形，好像船篷，就叫

北京文庙大成殿井口天花

"船篷轩";有的带有许多尖角,叫"菱角轩";有的表现为柔和的曲线,好像仙鹤的脖子,叫"鹤颈轩";简单的两坡形轩叫"一支香";还有一种略有起伏的样式叫"茶壶轩"。

宫殿、寺观大殿天花的中央部分经常做成藻井,好像是倒悬空中的水井。藻井的下方设置皇帝的宝座或神佛的塑像,具有强烈的仪式感。复杂的藻井要分上、中、下三层,下层是正方形的木框,中层是八角形的井,最上面是圆井,还雕绘荷花、水藻和鱼龙图案,极为精致,被《鲁灵光殿赋》形容为"圆渊方井,反植荷蕖"。

当然,许多木构建筑也可以不用天花,把上面的梁架全部显露出来,这种形式就叫"彻上明造",宋元以前很常见,明清时期只有低等级的建筑才会这样做。

江南传统建筑中的鹤颈轩

山西芮城永乐宫无极殿藻井

室内另一类重要的木装修是隔断。早期建筑主要用屏风和帘幕做隔断，效果不佳，后来逐渐发展出板壁、花罩、博古架、碧纱橱等形式，可以灵活分隔内部空间，并且具备装饰、防风、遮蔽等功能。北京紫禁城宁寿宫乐寿堂建于清代，室内采用楠木和紫檀、花梨等珍贵木材打造两层的"仙楼"（殿堂建筑在内部搭建的阁楼）和各种隔断，工艺精湛，雍容典雅，达到了古代内檐装修的最高水平。

板壁就是木板墙，如果置于堂屋正中，又称"太师壁"，上面可以雕大幅的图案，也可以悬挂立轴的书画作品。花罩类似门框的效果，可以分为圆罩、几腿罩、落地罩、飞罩、栏杆罩等多种样式。碧纱橱和隔扇门的形式差不多，只不过没有用在外檐上而是用在内部的隔断上，一般情况下除中央

北京紫禁城乐寿堂室内隔断

两扇可开启外，其余固定，其内心部分常常两面夹纱，上绘图案或书法。博古架可以按照固定的装修方式打造，也可以采用可移动的家具形式，分成很多大小不等的格子，一般用来陈列古玩和工艺品，或作书架，给室内增添清雅的气氛。

油漆彩画

木材本身容易受潮，或遭遇虫蛀，通常需要在其表面施加保护性的面层。中国古代建筑很早就开始给柱、梁构件刷上油漆，进而绘制彩画图案，既可以防潮、防蛀，又赋予建筑鲜明的色彩。

先秦时期的油漆彩画已经具有明确的等级意义，例如《春秋·穀梁传》记载天子、诸侯、大夫和士人所居房舍的柱子分别刷红色、黑白、青色和土黄色。汉代出现一种"木衣绨（tì）锦"的特殊做法，在木构件的表面包裹一层锦绸类的织物，尤为华美，一直延续到唐宋时期。

唐代建筑的柱、梁、枋、栱、椽大多刷赭色或红色，廊柱可用黑色，椽头、枋头、栱头等构件的端面用黑色或白色，构件之间的板壁多用白色。等级高的建筑木构件上有更复杂的彩绘。柱身绘联珠束莲纹，梁枋可绘联珠、团花、龟纹、菱格等图案。

宋代建筑彩画广泛采用叠晕画法，深浅渐进变化，艺术水准很高。《营造法式》将彩画分为五个等级，最高级的是五彩遍装，四周勾勒边框，内部填色，华丽繁复；次一级的碾

玉装和青绿叠晕棱间装主要用青绿色；更低等级的解绿装与丹粉刷饰以黄红色调为主。

　　明清时期官式建筑的彩画趋于标准化。最高等的和玺彩画主要用于皇家建筑和敕建寺观的殿堂，大多绘有龙凤图案，金碧辉煌；第二等的旋子彩画除了宫廷、寺观之外，还用于王公府邸、衙署，其端头部分绘有花瓣盘旋的团花图案；最低等的苏式彩画大量用于园林和各种民间建筑，图案自由多变，梁枋的中心位置往往绘有山水风光、禽兽花草、历史人物、神话传说等等。屋檐下的梁枋彩画以蓝绿为主色调，局部点缀金、红等暖色，可以加强阴影效果，类似于女性化妆所用的眼影。柱子大多刷红色油漆，游廊和一些园林轩榭的柱子也可以刷成绿色。首都北京以外地区的建筑彩画有不同的地方性做法，差异很大，梁柱也可能刷褐色、黑色油漆，甚至只刷透明的桐油，外观保持木材本色。

北京紫禁城太
和殿和玺彩画

辽宁沈阳故宫关
睢宫旋子彩画

北京颐和园知
春亭苏式彩画

家具陈设

古代建筑的家具和陈设往往与内檐装修融为一体，达到完美统一的境界。

从上古时期到南北朝，中国人习惯于席地而坐，屋里的家具数量较少，主要是相对低矮的榻、几。隋唐时期受域外影响，逐渐向垂足而坐转变，较高的坐凳、坐椅、坐床和桌案成为常用的家具。

明清时期家具的制作工艺比前代更为精细，与日常生活联系紧密，主要的种类包括用来睡觉或躺卧休息的床、榻，用来放置文房四宝、食物、花瓶的桌、案、几，用来展示各种器玩工艺品、书籍的橱架，兼有隔断、遮挡功能的单扇或多扇屏风，用来坐的椅子和凳子，用于存放衣物、细软的

江苏苏州留园五峰仙馆家具陈设

柜、箱等等。

家具主要用木材打造，尤其推崇紫檀、楠木、黄花梨等名贵木材打造的家具。这些精美的家具摆放有序，与建筑的柱梁、墙壁、门窗、隔断一起组成和谐的室内空间。

古人在正厅中经常靠北墙放置一张较高的条案，案上陈设花瓶、自鸣钟，案子前面是一张八仙桌，两侧各放一只靠背椅，显得堂皇而气派。有的厅里还设有卧榻，其形式介于床和椅子之间，比较宽，后带靠背，两侧有扶手，可坐可躺。

卧室中的床经常做成架子床的形式，四面有立柱和围栏，好像是一个室内的方亭子。

几的种类很多，包括专门放在炕上的短腿炕几、搁置茶壶茶杯的茶几、摆放花盆的花几、放琴瑟乐器的琴几等等，高矮长短差别很大。

书房中的桌案一般比较长，可以放笔墨纸砚等各种东西，很方便写字作画。吃饭可以用方桌、圆桌，也可以用小巧的几案。

庭院深深

绝大多数情况下，中国古代建筑都不会单座孤立存在，而是以各种方式组合成井然有序的庭院。

最常见的情况是在庭院的后侧设置正殿或正房，前侧安排门殿、门屋或者次要建筑，左右两侧安排对称的配殿或厢房，构成一个四面围合的"口"字形空间格局。如果将左右两侧的建筑以廊子替代，就变成相对开阔的廊院。也可以将前边的建筑省略，改立一道墙，演化为更简单的三合院。

中国位于北半球，将坐北朝南视为理想方位，由此形成一套完整的庭院建筑等级序列。一院之中，北面的房屋面朝南，位置最好，阳光充足，东南风迎面吹拂，西北风被挡在身后，等级最高；东西两边比北面低一级，彼此大致相当；南边的晒不到太阳，位置最差，等级最低。古代大部分庭院都按这个观念布置，以北为尊，但由于地形和其他因素的影响，也会出现不少例外的情况。

庭院四周闭合而中央露天，营造出内部良好的小气候，可抵御恶劣天气的影响。夏天可以有效地遮阴、纳凉，冬天又可以很好地采光、保暖、抵御风沙。露天通透的院落空间既是入风口，也是出风口。靠自然的风压通风，可保证空气清新。此外，庭院还便于排水和收集雨水，更可以引入各种植物，营造湿润而充满绿意的小环境，同时防护严密、内向稳定，最适合人类居住和生活。因此，不但古代中国人喜欢庭院，古代欧洲、西亚、南亚等地区也修建了大量的合院式建筑。

大规模建筑群一般不会只有一个院落，可以通过串联和并联的方式分别向纵、横两个方向进行扩展。院落的基本单位是"进"和"跨"，"进"表示前后串联的关系，纵向有多少个院子就叫多少进院落，其中每个院子按照位置分别称"第一进""第二进"，依次类推；"跨"表示左右并联的关系，横向有多少串院子就叫多少跨院落。重要建筑的横向各跨院落之间经常设置夹道，以解决交通和防火的问题。

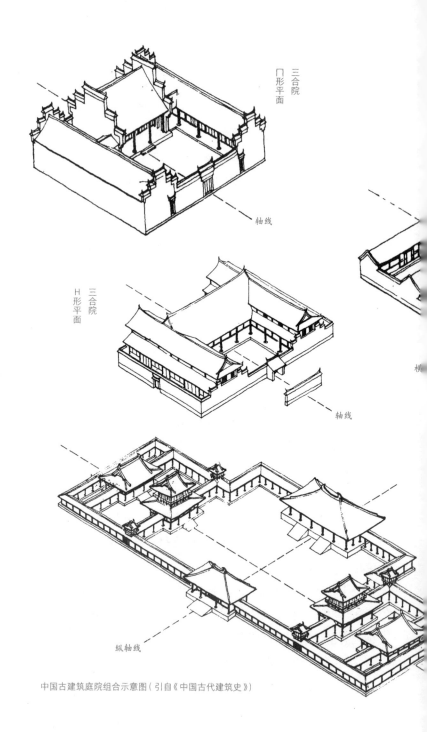

三合院
冂形平面

轴线

三合院
H形平面

轴线

楼

纵轴线

中国古建筑庭院组合示意图（引自《中国古代建筑史》）

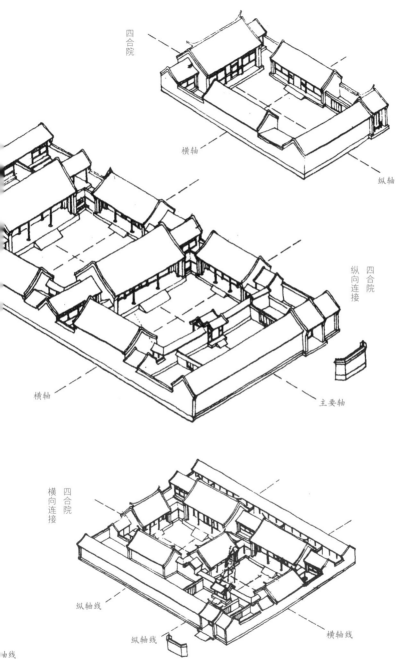

四合院

横轴

纵轴

四合院
纵向连接

横轴

主要轴

四合院
横向连接

纵轴线

纵轴线

横轴线

轴线

庭院是中国古代建筑中最富魅力的组群空间，被北宋文学家欧阳修描绘为"庭院深深深几许"。经过长期发展，中国的宫殿、佛寺、道观、文庙、武庙、陵墓、官衙、住宅都采用相似的庭院模式，但细节上又充满个性。典型的实例多不胜数，如唐代《戒坛图经》中记载的一种大型佛教律宗寺院由几十个院落构成，北京紫禁城可以分解成上百个大小不等的庭院，苏州的明清大宅同样呈现出多层递进延展的院落

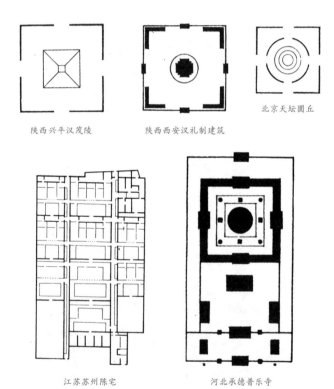

北京天坛圜丘

陕西兴平汉茂陵　　　　陕西西安汉礼制建筑

江苏苏州陈宅　　　　河北承德普乐寺

中国不同类型古建筑群总平面图（引自《中国古代建筑史》）

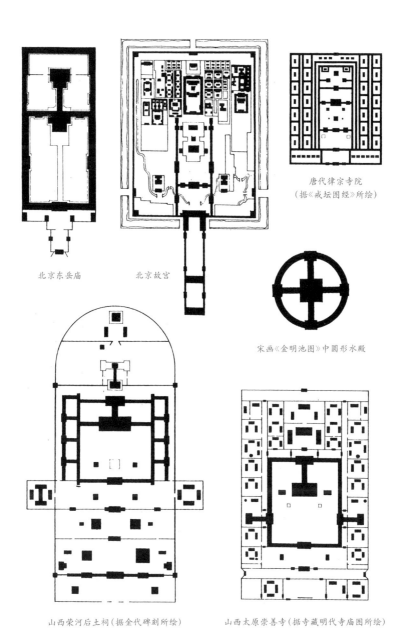

北京东岳庙

北京故宫

唐代律宗寺院
（据《戒坛图经》所绘）

宋画《金明池图》中圆形水殿

山西荣河后土祠（据金代碑刻所绘）

山西太原崇善寺（据寺藏明代寺庙图所绘）

形态。例外的是园林中的院落，由亭台楼阁等建筑与假山、水系、花木共同围合而成，形状各异，尺度不一，聚散开合，不拘一格。

总体特征

建筑学家梁思成先生曾经对中国古代建筑的基本特征做过非常精当的总结：一是以木头为主要材料，并在形式上尽力表现木材的性能；二是结构采用梁柱框架，摆脱承重墙；三是经常使用斗栱这种构件来承挑屋檐，同时建立模数权衡制度；四是外部造型优美，屋顶飘逸，台基坚厚，屋身通透，彩画明丽，并且善于组合成院落格局。

中国古人将建筑视为具备实用功能和观赏价值的重要器物，除了以上形式特征之外，还承载着丰富的思想观念。

首先，如《庄子》所云"天地与我并生，万物与我为一"，中国古建筑的选址、备料、加工、营建各个环节都努力与自然环境融合共存，从内到外追求和谐的境界，体现"天人合一"的最高宗旨。

其次，从西周时期开始，中国古建筑就非常注重等级规制，所有的房屋都与其主人的社会地位联系在一起，无论规模、布局，还是具体的台基、梁柱、斗栱、屋顶、彩画形式，都有相应的规定，形成一套严整的秩序，不可逾越。

其三，中国古代宫殿、坛庙、陵寝、寺观等具有特殊象征意义的建筑往往以壮丽为美，尺度宏伟，体现对皇权、天地、祖先和神佛的敬重；而与日常生活密切相关的住宅、园林则强调栖居功能，以适形为美，尺度合宜。

其四，中国古建筑蕴含着多元的文化内涵，例如孔庙、佛寺、道观分别对应儒家文化和佛教、道教文化，宫殿是宫廷文化的集中展示之地，私家园林是文人士大夫文化的代表，各地民居铭刻着地域民俗文化的烙印，从整体到细节都体现了自身的文化特色。

综上所述，中国古建筑的产生与发展由独特而广袤的地理气候条件所决定，同时又受到各种社会人文因素的深刻影响，最终形成独树一帜的华夏建筑体系，巧夺天工，妙造人居，博大精深。

【歇山】

第三章

源远流长

——中国古代建筑发展历程

穴室巢居

远古人类懂得取火和使用工具，但还不会建造房屋，像动物一样住在天然的山洞中，云南元谋、河北泥河湾、陕西蓝田、北京周口店等地都发现了几十万至二百万年前的旧石器时代遗址，出土化石、兽骨和各种器物，尚无建筑的踪影。

大约一万年前，原始社会进入新石器时代，农业和畜牧业逐渐取代了之前的采集和狩猎，成为主要的生产方式，随之产生了更高的居住需求，开始使用木、石、土等材料修造简单的建筑，在中国境内留下了两千多处遗迹。

《易经》里有一段话描述建筑的起源："上古穴居而野处，后世圣人易之以宫室。上栋下宇，以待风雨。"大意是上古年间的人本来很可怜，只能在野外的洞穴里生活，后来"圣人"出现了，教人们建起了房子（所谓的"宫室"其实就是早先"建筑"的意思，到了后来才成为皇家建筑的专有名称），上有屋梁，下有屋檐，可以遮蔽风雨。这里所描述的建筑是典型的木结构坡顶形象，从距今六千多年的西安半坡遗址中已经可以看到类似的房屋雏形。在黄河流域，建筑最初表现为掩藏在黄土层中的带屋顶的穴居，之后演变成半穴居，直至完全建于地面上的窝棚式房子，一般用绳索捆扎木头骨架，在外墙和屋顶上涂抹草筋泥。

长江流域地势卑湿，早期居民曾经在树上栖息，称作"巢居"，然后由在一棵树上筑小巢发展为在相邻的几棵树上搭树枝建造更大的巢，再后来逐渐进化出一种"干阑式"建

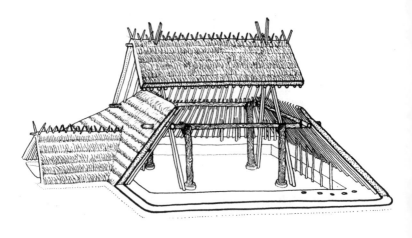

陕西西安半坡遗址建筑复原图（引自《中国古代建筑史》）

筑，就是底层用柱子架起来的木房子，屋顶覆盖晒干的茅草。《韩非子》记载："上古之世，人民少而禽兽众，人民不胜禽兽虫蛇，有圣人作，构木为巢，以避群害，而民悦之，使王天下，号之曰'有巢氏'。"是说上古的时候人类少，禽兽多，危害很大，于是有圣人出现，发明用木头构筑的"巢"来让人类居住，躲避了侵害，结果人民很拥戴他，让他做王，号称"有巢氏"。这段文字可以和距今五千至七千年前的浙江余姚河姆渡文化遗址相呼应，说明遥远的古代确实流行过一阵"巢居"。此类木构房屋使用架空的木地板，下面设承重的木桩，构件上留有榫卯的残迹，可见当时的加工技术已经达到相当高的水平。

　　仰韶文化、龙山文化、红山文化都出现了氏族公社遗址，聚落规模较大，房屋数量众多，常有土墙或壕沟环绕防御。其中有一些特殊的大房子占据核心位置，可能是部落首领的住所，分布于四周的其他建筑则低矮得多，呈现出明显的等级差异。除了住宅之外，还有祭坛、作坊、墓葬等不同的建筑类型，并使用贝壳、鹿角、兽骨来装饰。

新石器时代晚期已经开始建造城市，目前发现了三十多处遗址，包括山东济南章丘的城子崖古城、湖北天门的石家河古城、内蒙古凉城老虎山古城、陕西神木石峁古城等。这些早期城市大多始建于四千多年前，拥有完整的夯土城墙或石头墙垣，格局较为复杂。其中陕西神木的石峁古城最为特别，由内城和外城两圈石墙围合，内城中心还有一座高大的石台，施工精良。

陕西神木石峁古城遗址（国庆华摄）

茅茨土阶

受生产力水平的限制，上古时期的建筑相对比较简陋。战国时期的墨家学派将传说中的圣贤君主尧舜的宫殿描述为"土阶三等，茅茨不剪"，意思是屋顶上铺着不加修剪的茅草，台基只是很矮的三级夯土台子而已，夸赞尧舜不愧是圣人，贵为君主，却保持朴素的本色。

其实早期宫殿呈现"茅茨土阶"的面貌是因为当时受材料所限，以及技术水平还不够高，石头用得少，瓦也没发明，所以只好先用茅草顶、土台子对付着，并不是故意节约。

一般公认，中国古代第一个王朝是大约四千年前创立的夏朝，河南偃师二里头遗址被视为夏代都城宫室的遗迹。现存的土质台基上留下不少柱坑，可以推断当时采用了柱子来支撑屋顶，外壁为木骨泥墙。单体建筑并不算高大，但已经开始通过平面组合来取得比较宏伟的群体效果。

商代曾经多次迁都，河南的偃师、郑州、安阳和湖北的黄陂都发现了商代不同时期留下的城址。其中安阳的殷墟位于洹水南岸，是商朝晚期都城，保存最为完好，未发现城墙遗迹，居中设置宫殿区，拥有明确的南北中轴线。殷墟的建筑体量大，构件也日趋复杂，有专家推测当时使用了一种大斜梁，属于比较先进的技术。最重要的大殿可能采用两重屋顶，被古文献记载为"殷人重屋"。从台基上留下的柱洞来判断，柱子直径大多为30厘米，彼此保持2米左右的间距，显得很密集，保证房子建得足够坚固。为了保护好下面的土台和木柱不受雨水侵害，商代的建筑已经非常注意屋顶排水的问题，屋檐尽量向外挑出，显得舒展大方，这种特色在后代得到了进一步的加强，成为中国建筑的典型形象。

公元前1046年，周武王灭商，创立周朝，以关中平原沣河东岸的镐京（遗址在今陕西西安长安区）为都城，在全国各地分封诸侯，修建城邑，作为区域政治经济中心和军事防御据点。周代制定了一套礼制规范，对城市和建筑划分不同的等级，房屋的大小、间数、装饰、色彩都有严格的限定。这套制度对之后两千多年中国建筑的发展有重大影响。

西周继承殷商的技术，能够把不同规模的构架组合在一起构成更雄伟的建筑，并且开始使用瓦来铺屋顶，还进一步加大屋檐的延展长度。为了保证屋檐不会塌下来，有时候会在檐下加一排小柱子专门托住檐口部分，这种小柱子叫作"擎檐柱"。

河南安阳殷墟遗址复原建筑（李旻昊摄）

高台厚榭

公元前771年，西周在犬戎的攻击下覆灭，周平王将都城迁到中原的洛邑（今河南洛阳），开启了东周时期，又分为春秋、战国两个阶段。

此时原有的政治秩序逐步瓦解，天子的权威急遽下降，很多诸侯国都热衷于建设大型城市和豪华宫殿，相互攀比，炫耀国力，"高台榭，美宫室，以鸣得意"。各国的重要城市都经过细致的规划，顺应水土和气候条件，形态或方整，或自由，均以城墙和壕沟围护，内设宫殿和祭祀坛庙、贵族府宅、手工作坊、商业店铺。江苏常州有一个淹城遗址，是淹国的都城，大约始建于2700多年前，方形轮廓，东西长850米，南北宽750米，总面积约65万平方米，拥有三重城墙和三重护城河。

春秋时期出现一位名叫公输班的传奇人物，也就是后世所尊崇的木匠祖师鲁班，其事迹散见于先秦诸子的著作中，《墨子》说他能"为楚造云梯之械"，还能"削木以为鹊，成而飞之"。此人似乎集建筑设计、施工、木工家具制作等多项技艺于一身，成为能工巧匠的最高代表。

当时木构体系还不完善，即便经过组合，尺度依然有限，为了进一步加大建筑的体量，就发展出小山一样的夯土台基。流行的宫殿式样号称"高台厚榭"，以土木结合的方式筑成高大的建筑物。具体的方法是从下往上一层一层地夯筑矩形平面的土台子，各层依次缩小，然后在每层土台子的外面都用木头盖房子、廊子或在顶上加建屋檐，最上面一层台子上建造大殿，所有木构部分统称为"榭"，正所谓"四方而高谓之台，台上有屋谓之榭"。这样从外面看起来，层层叠叠，构成一座庞大的宫殿。

台榭式的宫殿可以举行宴饮、观景、祭祀活动。据说楚国的章华台最为高峻，每次大摆宴席，客人登到最上面的一层，中间需要休息三次，所以叫"三休台"。吴王夫差为了讨好美女西施，曾经在太湖之滨建了一个姑苏台，上面建了好些宫殿，壮丽非凡。战国末期，周赧王四处借债筹措军费，拼凑了一支军队去讨伐秦国，结果还没交锋就撤回了，

楚国章华台复原想象图（引自《宫殿考古通论》)

债主纷纷上门讨债，周赧王又羞又气，无可奈何，只好逃到宫殿后部的一座高台上躲清静，留下"债台高筑"这个著名的成语。

现在一些春秋战国时期的遗址中还保留着高台宫殿的夯土痕迹，另外我们从青铜器上也可以看到相关的建筑图案。

秦汉宫室

战国后期，僻处西陲的秦国崛起，先后攻灭六国，统一天下。秦王嬴政自称"始皇帝"，大秦王朝成为中国历史上第一个中央集权的帝国。《史记》记载：秦国每灭一国，都专门派人将其宫殿形式画成图样，拿回都城咸阳，按图仿建，还把从各国抢来的美女和钟鼓等器物放置其中，使得全国各地的建筑形式和技术得到融汇交流，获取进一步发展的空间。

秦朝除了大兴台榭之外，还用纯粹的木结构建造大型殿堂和多层楼阁。所谓"楼"和"阁"，本来的意思有所区别，楼指"屋上架屋"，而阁由栈道发展而来，指底层架空的建筑，后来二者的含义逐渐趋同。这些高台、楼阁、大殿之间经常用飞桥和双层的复道串联。

　　秦始皇在渭水两岸营造了咸阳宫、信宫、甘泉宫等一系列宫殿建筑群，其中信宫是大朝场所，咸阳宫是理政和起居之地，其他宫室属于离宫性质。公元前212年，秦始皇又在上林苑范围内兴建了一组更大的宫殿——朝宫，其前殿即阿房殿，直到秦朝灭亡都没有完全建成。当代学者结合考古遗址推算，阿房殿的台基东西长1270米，南北宽426米，高度达到12米，被认为是世界上规模最大的宫殿建筑基址。

　　后世将秦代宫苑统称为"阿房宫"，作了很多凭吊的诗文，其中最著名的当数唐代杜牧的《阿房宫赋》："覆压三百余里，隔离天日。……五步一楼，十步一阁。"这段文字对建

秦咸阳宫大殿复原图（引自《宫殿考古通论》）

筑的描述虽然有些夸张，却大多符合实情。

秦始皇穷奢极欲，征发七十余万刑徒，将这些宫殿盖得豪华无比，又在骊山构筑宏大的陵墓，其中收藏无数珍宝，上面覆盖巨大的人工夯土，种植树木。他去世不久，天下暴动四起，各路起义军经过艰苦奋战，最终推翻了秦朝。项羽入关后放了一把大火，三月不灭，把咸阳周边几十处宫殿都烧毁了。

刘邦建立的汉代是一个鼎盛的封建王朝，至此中国木构建筑体系也已经基本成熟，三种主要形式——抬梁式、穿斗式和井干式都大致定型，四种主要的木构架屋顶——庑殿、歇山、悬山、攒尖均已出现，特别是最富有中国特色的构件——斗栱，经常在重要的建筑中得到使用。制砖技术和拱券结构有很大的进步，主要用来砌筑陵墓的内部空间。

西汉定都于渭水南岸的长安，占地面积是同时代欧洲中心罗马城的两倍半。长安最重要的宫殿是城内的未央宫、长乐宫和城西的建章宫，此外还兴建了许多离宫，以备皇帝随时去临幸居住。这些离宫和园林结合得比较紧密，位处郊外，环境优美，里面的建筑往往也更强调景观作用，比正式的宫殿形式更灵活一点。渭水北岸和长安城东南设有陵区，分别建造西汉诸帝的十一座陵寝，并在前几座帝陵的附近设置陵邑，相当于首都的卫星城，迁移全国各地的富户来此居住。

东汉定都洛阳，国力不及西汉强盛，建筑群的规模缩减，但精致程度有所提高。洛阳城内建造了南宫和北宫，城郊建造了十一座帝陵，尺度比西汉帝陵略小。

为了抵御北方游牧民族的侵袭，战国时期的秦、赵、燕各国曾经在北部边境构筑长城，秦朝建立后，将之连接扩建为雄伟的万里长城，汉代多次予以重修，此后的多数朝代也不断续建，使得长城成为中华民族的一大图腾。先秦、秦汉时期的长城以夯土为主，局部采用石砌，很少用砖。

　　汉代各大宫殿都以大型殿堂为中心，同时继承了春秋以来的豪华作风，修建了很多高台建筑，比如柏梁台、神明台、通天台、凉风台等。另一种重要的建筑类型名叫"观"，又叫"望楼"，纯用木构，高三至五层，挺拔耸立，每层都有屋檐，造型很丰富，可以登高望远，经常用于眺赏风景或军事防御。

　　先秦、秦汉时期还流行一种名为"阙"的建筑，分为木阙和石阙两大类，成对竖立在宫殿、祠庙、陵寝的入口处，充当标志物。时至今日，木阙早已无存，石阙尚存几十处之多，虽然纯粹是石头所造，却处处模仿木阙，柱、梁、枋、椽历历在目。1961年3月4日国务院公布第一批全国重点文物保护单位古建筑及历史纪念建筑物，编号排名前三位的即是登封嵩山的东汉三阙——太室阙、少室阙和启母阙，分别是太室山庙、少室山庙和夏朝第一位君主启的母亲祀庙前的神道阙。这三组阙都分为东西两阙，每阙包含基座、阙身、屋顶三个部分，以青石砌筑，阙身由相连的正阙和子阙组成，比例匀称，浑然一体。

　　除了长城、陵寝和石阙，汉代建筑遗存至今的实物很少，但从墓葬中出土了大量的明器和画像石、画像砖，承载着丰富的建筑信息。明器是一种随葬的建筑模型，以陶土烧

河南登封启母阙

汉代陶楼明器（美国波士顿美术馆藏）

制而成，逼真地模仿现实生活中的建筑造型。画像石和画像砖上刻画了许多厅堂、楼阁、水榭的形象，生动有趣。

从艺术角度看，汉代建筑屋檐平直，构件粗大，看上去很有厚重朴拙之气，但柱子和梁上已经有许多精美的雕刻，体现了高超的加工技艺。

六朝烟云

从东汉末年开始，中国历经三国、两晋、南北朝，前后三百多年的时间大多陷入分裂混乱的状态，战争频繁，生灵涂炭，但建筑技术和艺术仍然有所发展。

东晋皇室迁都建康（今江苏南京），中原的人口大量移民江南，使得南方的经济和文化相对保持繁荣。在丞相王导的主持下，模仿洛阳城旧制对建康城进行大规模重建，城内的宫城又名"台城"，被之后的宋、齐、梁、陈四朝继承。南朝皇室和贵族的陵墓分布于首都远郊，墓道边设立巨大的石雕神兽。

北方持续战乱，北魏平定各国后才取得较为稳定的局面，社会经济逐渐恢复。北魏孝文帝将首都从平城（今山西大同东北）迁到洛阳，皇宫前朝区域的正殿叫太极殿，从考古遗迹判断，其主体建筑的周围又特别加了一圈木构架空的外廊，这种形式名叫"副阶周匝"，可以进一步加大单体木构建筑的体量，形成重叠的屋檐，使大殿显得更有气势。

汉末以后，各地修造高大台榭建筑的热情有所减弱，但依然出现了一些有代表性的建筑。比如丞相、魏王曹操曾经在邺城建了著名的铜雀台，魏文帝曹丕在洛阳建凌云台，还有刘宋时期建康的凤凰台，均显赫一时。直到南朝的舞榭歌台被隋军的铁骑碾碎后，这种风气才慢慢消亡。随着技术的进步，中国的主流建筑更强调木构本身的雄伟，不再过分依赖台座的衬托。

来自古印度的佛教在汉代已经正式传入中国，东晋十六国时期流播更广。南北朝时佛教空前鼎盛，统治者极度崇信，兴建了很多寺院、佛塔和石窟。文献记录北魏末年的洛阳拥有一千多座佛寺，而同时代的梁朝建康城内外也造了五百多座佛寺，耗费巨大。洛阳永宁寺、建康同泰寺等一些重要佛寺占地辽阔，殿堂巍峨，可媲美宫廷。

塔是一种特殊的佛教建筑，源自古印度的窣堵波，东传后与中国本土的楼阁相结合，诞生了楼阁式的木塔，稍后又出现一种砖石砌筑的密檐式佛塔。佛塔无论层数多少，几乎都会在顶部设有塔刹。

石窟是另一种来自古印度的建筑类型。中国很早就有在山崖上开凿岩洞墓穴的施工技术，随着佛教传播，各地纷纷以相似的方法兴造石窟寺。克孜尔千佛洞（今新疆拜城境内）和敦煌莫高窟分别开建于约公元三世纪末和四世纪。北魏在平城开凿云冈石窟，在洛阳伊阙开凿龙门石窟，还在今河南巩义大力山开凿了另一组石窟，由皇室和贵族、高官捐资修建，窟外往往设有木结构的外檐，内部包含许多雕塑和壁画。

从一些石窟、墓室中的仿木构件和建筑图像可以大致了解当时木构房屋的一点情况。就风格而言，南北朝的木质构

河南巩义北魏石窟佛龛

件比汉代更为多样化,柱子、斗栱在端头部位都做了卷杀,形成柔和的弧形外观,具有独特的曲线之美,整体形象也趋于柔和精丽的方向。同时受佛教艺术影响,中国建筑的雕刻增添了许多优美的图案,绚丽的壁画同样为室内空间增添了光彩。

隋唐雄风

隋唐是中国封建社会的鼎盛时期,国力强大,在军事、经济、文化各个领域均取得辉煌成就,建筑技艺上承秦汉六朝,下启宋元明清,宫殿、陵寝、佛寺、道观以及府邸、住宅各具特点，呈现空前的发达局面。

隋唐以长安、洛阳为西东二京，均由杰出的建筑巨匠宇文恺规划而成。唐长安城是十九世纪末英国伦敦扩建为现代超级都市之前人类历史上规模最大的城市，拥一条长达8650米的南北中轴线，四面以高十八尺（合5.3米）的外郭城墙环绕，每边各开三座城门。城内最北为宫城，内设皇帝所居的太极宫，其东为太子东宫，西为掖庭宫；宫城之南为皇城，分布着三省六部等中央政府官署。唐高宗时期在城东北侧修筑大明宫，唐玄宗将自己继位前所居的城东藩王府改为兴庆宫。城市东南角有曲江池（隋名芙蓉池，唐复旧名曲江），是长安市民春游之地，皇家在岸边筑有芙蓉园。全城以九纵十二横的主干道编织成严谨的方格网系统，笔直宽阔，好像棋盘，又如菜地，被诗人白居易形容为："百千家似围棋局，十二街如种菜畦。"城中共有108个里坊，并设有东西二市，分别以坊墙和市墙围合，管理严格，日落即关闭。

隋唐洛阳城位于汉魏洛阳故城之西，周围群山环绕，众水奔流。洛水从城中穿越而过，将全城分为洛南和洛北两大区域，宫城设于城内西北角，正门应天门正对南郊的伊阙。宫城之南为皇城，前临洛水。洛南有七十三坊，洛北有三十坊，其中包含集市区在内。隋代在城内设有通远市、丰都市和大同市，唐代改为北市、东市和南市，其他坊内也多有酒家、店铺。隋炀帝和武则天都很喜欢洛阳，在位期间曾经将宫廷从长安迁过来长期居住，好大喜功的武则天还在此修建天堂、明堂和号称"天枢"的大铁柱。

除了正式的宫殿，隋唐也兴建了许多离宫。例如宇文恺

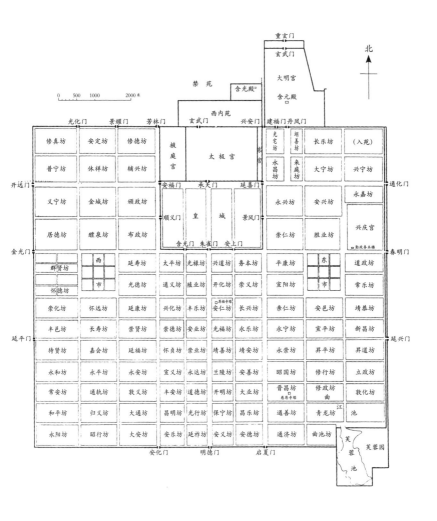

唐代长安城平面复原图（引自《中国古代建筑史》）

设计的隋代仁寿宫，利用自然的山冈、水流，借鉴上古高台厚榭的做法，设计出既壮丽又富有变化的宫殿建筑群。唐代在其原址上复建九成宫，宛如仙境琼楼，是夏日避暑的胜地。位于骊山脚下的华清宫利用温泉资源建造多座汤池殿，供皇帝、后妃、贵族、高官冬日洗浴之用。此外还有玉华宫、翠微宫等，都兼具园林之美。

隋唐时期佛道二教盛行。佛教分为不同宗派，寺院殿堂鳞次栉比，规模宏阔。所建佛塔以正方形平面居多，少数为六角形、八角形，分为楼阁式、密檐式和亭阁式等不同造型。唐代依旧流行修凿石窟，无论造像还是其他石刻都达到极高的艺术水准，内部空间也有各种变化，洛阳龙门的奉先寺是其中最著名的实例。唐代推崇道教，各地大量修建道观祀庙，殿堂规制与佛寺类似。

唐代帝王陵寝大多采用"因山为陵"的方式，直接以天然山峰为陵体，在山内开挖墓穴，安葬棺椁，山外开辟漫长的神道，两侧竖立石人、石兽，统称为"石像生"。唐代诸陵以唐高宗与武则天合葬的乾陵最为雄伟。

隋唐很多大型建筑由若干单体建筑直接聚合或者通过连廊串联而成。懿德太子墓壁画中有一幅《阙楼图》，表现出高台楼阁组合的形式；洛阳宫有一座名为"五殿"的建筑，在中央大殿四面各建一座小殿；还经常将前后两座或三座单体建筑拼合在一起，或将三殿并列成一条直线，彼此之间以廊子、飞桥连接，正殿两侧的殿宇称"朵殿"。

唐朝已经出现专门从事建筑设计的"梓人"，在柳宗元的《梓人传》中曾经专门提及。梓人主要负责设计、绘图和主持

楼阁式塔　　　密檐式塔　　　覆钵式塔

花塔　　　亭阁式塔　　　金刚宝座塔

中国佛塔常见类型示意图（引自《图像中国建筑史》）

唐代懿德太子墓壁画中的《阙楼图》（引自《中国美术全集》）

施工，并不亲自动手干体力活，与普通木工相区别，反映了建筑行业的进一步发展和分工的细化。在建造过程中，梓人"画宫于堵，盈尺而曲尽其制，计其毫厘而构大厦，无进退焉"，意思是先在墙上画一个一尺见方的建筑剖面图，详细地表达所有的构造，然后按比例量尺寸来造房子，毫无误差。

唐代建筑的木构体系达到完善的境地，梁、柱、枋、椽等构件从形式到用料尺寸都实现了规格化，统一用模数来计算，立面和谐，出檐深远，斗栱雄大，色彩简洁明快，造型朴素大方却又不失精美的细节，令人惊叹。中国现存最早的木构建筑是唐朝建中三年（782年）所建的五台山南禅寺大殿，面阔三间。五台山佛光寺大殿是另一座幸存至今的唐代建筑，建于大中十一年（857年），保存非常完整，面阔七

山西五台南禅寺大殿（王南摄）

间，虽然在当时只是一座中上等规模的殿堂，却依然体现出格调高迈的唐风遗韵。

从东晋十六国时期开始，西北少数民族不断向中原迁移，又持续受到欧洲和西亚地区的影响，中国人的生活方式从席地而坐向垂足而坐转变，室内除了低矮的榻、几之外，出现了较高的坐凳、座椅、桌案和橱柜，唐代以后逐渐成为主流，导致建筑内部空间随之加高。

隋唐时期的砖石技术也很出色，目前尚有一定数量的砖塔和石塔实例遗存，屋檐大多用层层堆叠出挑的叠涩的方式砌筑而成，往往在细部模仿木建筑的梁柱、斗栱、屋檐和门窗。拱券结构主要用于造桥和墓穴，赵州安济桥由隋代工匠李春设计建造，距今1400多年，是世界上现存年代最早的敞肩拱桥，是拱券结构的杰出代表，跨度达37米，形如一道弯虹，体现了力与美的高度统一。

出于包容开放的社会特性，唐代在中国传统建筑主流体系之外，积极吸收域外文化元素，在长安仿建突厥帐篷、西域酒肆等富有异国情调的建筑，袄（xiān）教、摩尼教、景教（唐代对基督教聂斯脱利派的称谓）、伊斯兰教等外来宗教纷纷在中土修建寺庙。

东邻岛国日本对隋唐的政治、文化、艺术极为推崇，曾经派遣多位遣隋使、遣唐使来中国学习，并按照中国式样仿建都城、宫殿和佛寺。目前，日本还保存着一些相当于中国唐代时期建造的佛教建筑，如高僧鉴真大师东渡后亲自督造的奈良唐招提寺金堂，可以从侧面帮助我们了解唐代建筑的风貌特点。

日本奈良唐招提寺金堂

宋元锦绣

唐朝灭亡后，中国进入五代十国的动荡时期，建筑发展相对停滞，唯有江南的吴越等地区因为战争较少，还保持着较高的建筑水准。北宋太祖赵匡胤消灭各路割据势力后，天下重新安定。

当时，北方有契丹人创立的辽朝，与五代、北宋对峙，版图跨越长城内外，设有五京，其中上京临潢府在今内蒙古境内，南京析津府主要统领以汉人为主的燕云地区。十二世纪初，僻居东北的女真族崛起，建立金朝，先后攻灭辽和北宋，占据了淮河以北的区域。南宋朝廷建都临安（今浙江杭州），维持半壁河山。与宋朝同时，中国西藏地区有吐蕃王国，西北有西夏国，西南有大理国，均为独立政权。

五代和辽代建筑更多继承唐风，保留了不少早期的做法。北宋建筑在唐代的基础上，逐渐向精巧细致的风格和标准化的设计施工方向发展，南宋和金代建筑延续了这个趋势，变得更加秀丽繁复。

北宋定都开封，曾经征召了不少南方的工匠来首都从事工程建设。这些工匠中有一位名叫喻皓，精通营造之术。据说他为了弄清楚屋角的构造原理，曾经专门跑到一个大殿的檐下躺着观察多日。喻皓在开封设计建造了一座开宝寺塔，还写了一本《木经》，记录木构建筑设计的一些经验，可惜后来失传了，只有沈括的《梦溪笔谈》中摘录了一点片段。

开封由旧城改造而来，格局比较狭小，但商业非常发达，打破了唐代之前长期实行的封闭的里坊制度，沿街布置店铺、住宅，鳞次栉比，参差有序，在宫廷画家张择端所绘的《清明上河图》上得以一展风采。南宋时期的临安和平江（今江苏苏州）、湖州等城市也都是繁华的商业都会，与前朝面貌迥异。

宋代是一个文化和科技都很发达的朝代，建筑加工技艺高超，出现了工字形殿、龟头屋等新的平面模式，屋顶组合充满变化。柱子截面除了常见的圆形、方形之外，还有八角形、梅花形等奇特形状；梁、斗栱等构件的形式和门窗的式样都更加丰富，彩画装饰也更为明艳。这些特点都使得宋代建筑呈现出婉约灵秀的风格特征，与唐代建筑的雄浑刚健形成对比。

北宋崇宁年间出现了一部划时代的建筑巨著《营造法式》，由当时在将作监（主持官方营建事务的公署）任职的官员李诫主持编修。这本书总结建筑设计、结构、施工、用料

北宋张择端绘《清明上河图》中的开封城市风貌（故宫博物院藏）

等方面的规范，共有三十四卷，包含对十三个工种的详细记述，具有极高的科学价值。

宋朝人很喜欢竹子，不但在园林中大量种植，还善于搭建竹楼、竹亭，别有一番趣味。文学家王禹偁（chēng）于咸平二年（999年）贬官黄州，发现本地黄冈一带盛产大竹，可以剖开做成竹瓦，代替陶瓦铺在屋顶上，又便宜又简单，雨落其上，发出清脆的声音，宛如奏琴。相传洛阳有个能工巧匠名叫蔡奇，会制作一种特殊的竹节洞，明丽优美，被人誉为神工。

五代、宋、辽、金遗存至今的一百多座木构建筑大多

是佛教殿堂，其中包含山西平顺天台庵正殿（后唐）、平顺
大云院弥陀殿（后晋）、太原晋祠圣母殿（北宋）与献殿（金
代）、河北正定隆兴寺摩尼殿（北宋）、河南登封少林寺初
祖庵大殿（北宋）、大同华严寺薄伽教藏殿（辽代）与大雄
宝殿（金代）、天津蓟州独乐寺观音阁（辽代）、辽宁义县奉
国寺大殿（辽代）、福建福州华林寺大殿（吴越）、浙江宁波
保国寺大殿（北宋）等，面阔三至九间不等，各有特点。隐
藏在福建泰宁县深山中的甘露庵包含五座南宋绍兴二十三年
（1153年）所建的殿宇，可惜1961年全部毁于火灾。

山西平顺天台庵正殿

福建泰宁甘露庵旧影（引自《失去的建筑》）

这一时期也建造了很多佛塔，平面以八角形为主，其中辽代清宁二年（1056年）所建的应县佛宫寺释迦塔是现存的唯一一座木塔，技艺精湛，峻极于天。砖石塔的技艺同样达到新的高度，如福建泉州的开元寺双塔是现存规模最大的石塔，河南开封祐国寺塔外表砌筑一层铁色琉璃砖，北京的天宁寺塔则是密檐式塔的杰出范例。宋代许多佛塔采用砖身木檐的形式，例如杭州六和塔、苏州虎丘云岩寺塔等，后来木檐往往失火被焚，只剩下砖砌塔身。

金代后期，铁木真崛起于草原大漠，于1206年统一蒙古各部，称"成吉思汗"。之后，蒙古铁骑横扫欧亚大陆，锐不可当，先后攻灭西夏、金和大理，1271年世祖忽必烈定国号为大元，次年将在金中都东北修建的大都（今北京）定为新的首都，之后又灭南宋，统一全国。

蒙古开国之初，保持"逐水草而居"的游牧习俗，以毡帐为住所，不设固定的城市和建筑。定都大都之后，逐渐汉化，开始进行大规模的城市建设。大都号称雄视八方的"宏大之都"，平面轮廓近于方形，拥有宫城、皇城、外城三重城墙。皇城和宫城的位置偏南，另在外城东南和西南分别设置太庙和社稷坛。城中道路分为大街、小街和胡同三个等级，编织成严整的方格网系统。皇城由金代的万宁宫旧址拓展而成，环绕太液池建造大内宫城和隆福宫、兴圣宫三组宫殿建筑群，使用了大量的贵重木料，柱子外表绘制金龙。

元代统治者对宗教采取兼容并蓄的策略，汉传佛教、藏传佛教、道教、伊斯兰教、基督教、祆教、摩尼教共存发展，带来了极为丰富的宗教建筑形式。不少远方异族的艺术家和工匠来到中土，从事建筑营造，使得元代建筑充满了浓郁的异域色彩，与其他朝代迥异。例如阿拉伯人也黑迭儿参与了元大都规划，并亲自主持宫殿、御苑设计，吸纳了很多草原游牧习俗和中亚、西亚建筑元素，如蒸汽浴室、水晶殿等，还在殿堂的内壁悬挂皮毛挂毯。建于至元年间的大圣寿万安寺（今北京妙应寺，俗称白塔寺）是都城内最重要的佛寺，其核心建筑大白塔由尼泊尔匠师阿尼哥设计完成。

元代木构建筑基本沿用宋金时期的样式，并尝试引入一些新的手法，比如不少殿堂建筑的柱网排列灵活，经常减少或移动柱子，与上面的梁架不完全对应，还会使用斜梁等构件，显得别具一格。

中国古代天文学发达，历代多曾为了观测天象和计量时刻而修建观象台，元代在天文领域又有较大发展。从至元十三年（1276年）开始，著名科学家郭守敬主持在二十七个地方分别建造观象台，以举办全国性的天文观测活动，于至元十七年（1280年）颁布先进的历法《授时历》。其中河南登封观星台因为位于天地之中，在全国所有的观象台中地位最为重要，其主体建筑是一座砖砌的城台，底边长超过16米，高9.46米，外廓呈梯形，上部明显收分，两条踏道盘旋而上，台上曾经放置观测天象、测量日影和计时的铜壶滴漏。台顶北侧墙面上部

河南登封观星台

有一道缺口，放置一根木梁，台下地面铺砌一条长31.19米的石圭，又称"天尺"，可以通过测量木梁在石圭上的投影来精确测量日影和时刻的变化，具有很高的科学性。

明清终曲

元朝末年爆发农民大起义，朱元璋在南京建立大明王朝，洪武元年（1368年）派大军北伐，占领大都，元朝灭亡，大都未遭严重破坏，改名北平。建文年间，留守北平的燕王朱棣以"靖难"为名从北平起兵南伐，夺取帝位后将北平又改名为北京，参照了明南京的宫殿格局修造北京紫禁城，于永乐十九年（1421年）正式迁都。

明代北京城在元大都的基础上有所更易，包含宫城、皇城和内城三重城垣，嘉靖年间又在南面加建了一圈外城。内外城均包含官员、富商、百姓的住宅和寺庙祠观，外城还设有天坛和先农坛，分布着大量的手工业作坊、商业街肆和会馆，内城皇城内建造宫殿、御苑、官署和仓库，宫城即紫禁城，环环相套，井然有序。从外城正门永定门直至钟鼓楼，形成了一条长达7.8公里的中轴线，在这条线上分布着帝城最重要的城门、宫门、大殿和楼阁，象征着天朝的尊严。

明代末叶，女真努尔哈赤在东北起兵，以"金"为国号，开始在盛京（今辽宁沈阳）建造宫殿。其子皇太极继位后改族名为"满洲"，改国号为"清"，并仿北京紫禁城扩建盛京皇宫。

1644年李自成率领农民起义军攻克北京，崇祯帝在煤山

清代王翚等绘《康熙南巡图》上的天安门（故宫博物院藏）

北京天安门旧影（引自《中国文化史迹》）

（清代以后称景山）自缢，明朝灭亡。清军趁势入关，定都北京，消灭各路义军和南明政权，逐步统一了全中国。清代仍以北京为首都，对紫禁城和太庙、天坛、地坛等坛庙进行重修，局部加以改建和扩建。

清代皇帝喜欢自然山水，和汉唐时期一样热衷于修筑皇家园林，平时多住在西郊离宫中，其中康熙时期的畅春园、雍正至咸丰时期的圆明园、光绪时期的颐和园，先后成为皇室"园居理政"的主要场所。此外，还在关外草原上的热河（今河北承德）修建了避暑山庄，夏秋之际举行狩猎活动时，皇帝在此驻留并接见外藩、使臣。

清代设样式房为专门的皇家建筑设计机构，负责宫殿、苑囿、陵寝等重要建筑及其室内装修设计事务，性质与今天的建筑设计院相近。当时，祖籍江西的雷氏家族人才辈出，二百多年间多次担任样式房最高技术主管"掌案"一职，被尊称为"样式雷"。样式雷在从事建筑设计工作时，绘制了大量的图纸，还制作模型，并做了详细的文字记录。这些图档成为我们今天研究古代建筑的宝贵资料。

清代样式雷制作的宫廷建筑烫样（模型）（故宫博物院藏）

明清时期，南北各地的建筑表现出更多的地域特色，尤其是寺庙、园林和民居，千姿百态，美不胜收。作为一个多民族的国家，汉族以外的少数民族也创造了无数杰出的建筑，如以布达拉宫、大昭寺、扎什伦布寺为代表的藏族宫殿与佛寺，还有羌族的碉楼、侗族的风雨桥、苗族的吊脚楼、傣族的竹楼，都是中国古代建筑的瑰宝。

大体来说，中国的木构建筑经过几千年的发展，由早期的简陋到中期的成熟，再到晚期的停滞，是一个动态的演变过程。元朝以后中国建筑有进一步简化、定型化的趋势，明代的官式建筑（主要指首都一带的建筑式样，以宫殿、坛庙、衙署、皇家园林以及寺院道观为主体）已经高度标准化，到了清朝雍正十二年（1734年），又颁布了一部《工程做法则例》，进一步把官式建筑的各种做法制度化，同时不少大型工程还制定了自己专用的则例（即建筑规范），以便更有效率地对设计和施工进行管理。

明代砖的生产工艺有极大的突破，产量剧增，之前历代墙垣多以夯土为主，明代以后大多改为砖砌，包括现存北京、河北、山西境内的长城以及南京、寿县、荆州、平遥等地的城墙，基本上都是明代所造。由于砖的普及，建筑的山墙不再需要防雨，正式出现了最简单的硬山屋顶。明代还流行纯用砖构的建筑，号称"无梁殿"，著名者如北京皇家档案馆皇史宬、南京灵谷寺大殿、太原永祚寺大殿等。明清时期的琉璃砖和琉璃瓦的质量也比之前有所提高，现存的洪洞广胜寺飞虹塔以及北京紫禁城、北京北海的九龙壁与琉璃门、琉璃牌坊都是很好的例证。

江苏南京灵谷寺无梁殿

北京北海九龙壁

明清单体建筑大多体量有限，斗栱尺度缩小而数量增多，出檐变短，细部日渐烦琐，感觉在气势上明显不如唐宋建筑，有退化的嫌疑。但实际情况并不能一概而论，从技术角度看，明清时期的木构建筑设计更加规范，模数计算、梁架类型选择也都比唐宋时期更简明，建筑构架的整体性大大加强，体系清晰，节点牢固，许多构件也更为实用。但是另一方面，明清建筑比较缺乏灵活处理的方法，结构有僵化的倾向，有些构件的尺寸不符合力学原理，比如梁的断面高度与宽度的比例，明清多为5∶4，远不如宋代的3∶2合理，还加重了梁架本身的荷载。

就艺术性而言，明清建筑可能不如唐宋时期那样富有生动的气韵和感染力，但也独具风采。紫禁城、天坛、十三陵等建筑群善于通过组合形式来体现空间效果，在严谨统一中求变化，使用了许多前代所没有的高明手法。南北方的造园技艺、装饰彩画和室内装修同样丰富多彩，令人称道。

最后值得一提的是，明清时期的中国建筑与外国的交流逐渐增多。明代后期有欧洲传教士来到中国，在北京等地修建了一些西式风格的教堂。清代乾隆中叶，北京圆明园附属的长春园北侧兴建了一组西洋楼，由意大利传教士郎世宁主持设计，砖石构筑的外立面表现为巴洛克风格，坡屋顶上铺设琉璃瓦，内部仍使用中式木结构。1840年开始的鸦片战争之后，中国逐步沦为半封建半殖民地社会，遭到西方列强的侵略，不少城市都出现了由西方建筑师亲自设计的洋风建筑，一如欧美本土的翻版。

清朝灭亡后，中国延续几千年的传统营造体系宣告终结，现代建筑体系逐渐建立，专业教育和执业制度都由西方舶来。从晚清到民国时期，一些建筑师积极尝试在新式校舍、医院、教堂、会堂的立面造型和细部装饰上采纳中国元素，雕梁画栋，飞檐翘角，其中包括比利时格里森（Dom Adelbert Gresnigt）设计的辅仁大学教学楼、美国开尔斯（F. H. Karles）设计的武汉大学图书馆，还有中国吕彦直设计的广州中山纪念堂。新中国成立后，建筑界也多次提倡民族风格，涌现出北京民族文化宫、重庆大会堂、曲阜阙里宾舍等优秀作品，但迄今为止仍处于探索阶段，未来期待看到更大的突破，让古老的华夏建筑文明再次绽放出璀璨的光芒。

广州中山纪念堂

【卷棚】

第四章

壮丽重威
——中国古代宫殿建筑

至尊无上

宫殿在古代所有建筑中等级最高、规制最隆重、装饰最华美，耗费了无数的人力、物力和财力，代表了所处时代的最高建筑水平，寄托了帝王国泰民安的政治理想和尽情享乐的生活愿望。

传说中的三皇五帝均拥有宫殿，只是实际情形无从稽考。自夏朝以降，中国先后历经了几十个王朝，此外还有若干割据政权和少数民族建立的王国。无论在何处建都，帝王们都会修建宫殿，作为举行仪典、处理政务和日常起居的场所。

汉朝初立，百废待兴，高祖刘邦还在四处征战，留守长安的丞相萧何就开始致力于兴造未央宫和长乐宫。他的指导思想是"天子以四海为家，非壮丽无以重威"，意思是四海之内都是天子自家的产业，宫殿一定要建得巍峨壮丽，才能表达出应有的威势来。这句话强调宫殿建筑是皇权的象征，需要通过一系列壮观的殿堂楼阁营造出恢宏的空间效果，以契合端庄肃穆的宫廷礼仪和君臣之间的森严等级。

从夏商时期开始，宫殿就居于都城的显要位置，体量和规模远远超过其他建筑。商朝末叶，纣王在陪都朝歌营造鹿台，周文王在国都丰京修建灵台，开创了台榭式宫殿的模式。这种风气在春秋战国时期最为盛行，一直延续到南北朝，后来唐宋元明清各朝的宫殿虽然形式有别，但主要的殿宇依然建于高大的台基之上。

周代制定了"三朝五门"制度。所谓"三朝"，指外朝、治朝和燕朝，分别代表朝会区、理政区和生活区的核心殿堂。所谓"五门"指皋门、库门、雉门、应门、路门五道宫门，扼守中轴线的关键位置，形成严谨的空间序列。之后的朝代往往都会参考这套制度，但具体的设置有所差别。

秦代的咸阳宫和阿房殿的夯土台基残存至今，虽然历经风雨侵蚀，其宏伟的尺度依然令人震撼。西汉长安城内的宫殿各自独立，分别设有宫墙，西南的未央宫四面各辟一座司马门，北门外建玄武阙，东门外建苍龙阙，前殿是举行大朝仪式的地方。长乐宫长期用作太后居所，吕后曾经在宫内的钟室处死一代名将韩信。东汉洛阳的南宫和北宫之间以三条双层复道相连，北宫的德阳殿是正殿，举行各种大朝仪式。

魏晋南北朝时期的宫殿大多以太极殿为正殿，两侧建造东西堂。隋唐宫殿占地广阔，格局更为规整严谨，出现主殿居中、两翼伸展的"门"形平面。北宋宫殿受到首都开封旧城范围的限制，规模较小，开始使用"工"字形平面的殿堂，宫门前设有御街千步廊。南宋临安宫殿依据杭州的州治官署扩建而成，格局更为紧凑。元代宫殿有更多的工字殿，同时因为蒙古人崇尚白色，屋顶多用白琉璃瓦，与蒙古包同色。

明太祖朱元璋在位期间营造了南京宫殿和中都临濠（今安徽凤阳）的宫殿，成祖朱棣登基后建造北京紫禁城。清朝入关前在盛京修造了皇宫，入关后继承了北京紫禁城并予以重修。

历代宫殿都包含前朝和后宫两大区域，分别承担政治功能和起居功能，规制既有共性，又各具特点，其壮丽程度基本上取决于国力强弱，而穷奢极欲的帝王大兴土木营造宫殿往往成为一些王朝覆灭的重要原因。

宋徽宗绘《瑞鹤图》中开封皇宫宣德门（辽宁省博物馆藏）

在改朝换代的战争中，宫殿通常是最后的攻防焦点，破坏严重。刀剑烽火之间，商纣王在朝歌鹿台自焚，篡汉自立的王莽在长安未央宫的渐台被杀，梁武帝被叛军困死于建康台城，陈后主与嫔妃躲进后宫庭院的一口井中，都成为史书上重要的一页。

宫殿也是许多政变和刺杀行动的发生地，荆轲在咸阳宫刺杀秦王嬴政，李世民在长安太极宫北门玄武门伏兵诛杀其兄李建成、其弟李元吉，一群宫女在北京紫禁城乾清宫差点勒死明世宗，场面无不惊心动魄。

历代所建宫殿只有明清时期的北京故宫和沈阳故宫较为完整地保存了下来，其余都已经被毁，只剩下一些早期宫殿遗迹可以探寻，例如安阳殷墟的商代宫室遗址、西安的唐代大明宫遗址、洛阳的隋唐宫城遗址、南京的明故宫遗址，凝聚了千百年的历史沧桑。

九天阊阖

唐代继承隋代的首都大兴城，改名为长安，经过前几任皇帝的持续经营，形成三大宫殿鼎足而峙的局面：位于城北正中位置的太极宫称"西内"，城东北侧的大明宫称"东内"，城东的兴庆宫称"南内"。太极宫和兴庆宫的旧址被西安的现代城市建筑所覆盖，而大明宫经过考古挖掘和保护整治，已经辟为国家遗址公园，可供参观。

大明宫始建于唐太宗贞观八年（634年），初名"永安宫"，次年依据《诗经·大雅》中的《大明》更名为"大明宫"，象征帝王贤明的品德。工程仅持续半年多就因为高祖李渊驾崩而中止。高宗李治龙朔二年（662年）重新启动，兴师动众，土木浩繁，仅用了十个半月的时间就基本告竣，此后便取代太极宫成为大唐皇室朝会、理政和居住的主要宫殿，地位显赫，二百四十余年间历经十七位皇帝，殿阁之间风云际会，屡屡见载于史册。

大明宫位于龙首原上，以长安北城墙的东段为南侧宫墙，向北拓展，占地面积约3.2平方公里，是唐代规模最大的一座宫殿，相当于明清紫禁城的4.5倍。南侧正门为丹凤门，东有望仙门，西有建福门，北侧设重玄门和玄武门两道宫门。中轴线上坐落着含元殿、宣政殿和紫宸殿三座大殿，

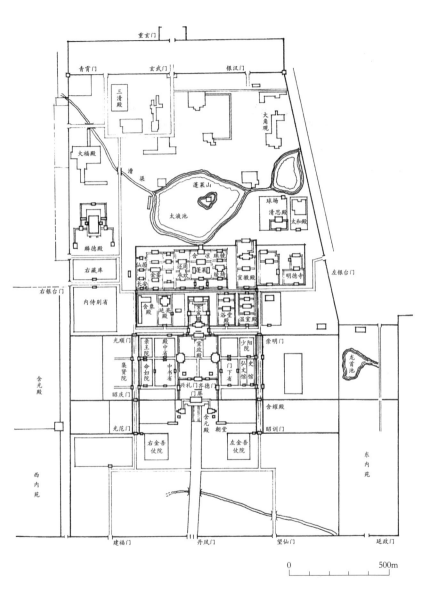

唐代大明宫平面图（引自《中国古代建筑史》）

唐代大明宫丹凤门复建形象

均建于山冈之上，辅以耸立的台基，居高临下，可以俯瞰全城。宣政殿以南为外朝区域，平面轮廓为矩形；以北为内廷区域，平面形状接近梯形。

含元殿下面的基座高约13米，中央的主殿面阔十一间，另加一圈外廊，重檐庑殿顶，左右两侧以曲尺形的长廊向两翼延伸，分别通向翔鸾阁和栖凤阁，两座阁的地位相当于先秦、秦汉时期的阙，因此这种模式被称为"殿阙合一"。殿前的大片平地被辟为开阔的广场，南北纵深685米，可沿两条长达75米的龙尾道登上高台。唐代最重要的朝仪大典在此举行，如上尊号、改元、大赦、赐宴和策试等。每逢正式朝会，仪仗鲜明，旌旗招展，皇帝在主殿登上宝座，文武百官、外国使节、宫廷侍卫依次立于台下，仰观宛如凤凰展翅的殿阁和仿佛神龙摆尾的坡道，场面极为恢宏。诗人王维有

唐代大明宫含元殿复原图（引自《古建腾辉》）

诗赞颂："九天阊阖开宫殿，万国衣冠拜冕旒"，意思是大明宫宛如九天之上的仙宫宝殿，来自万国的使者身穿礼服在此朝拜天子。

宣政殿是皇帝日常视朝听政的大殿，规格与含元殿相似，地势更高。殿前自成院落，两侧布置中书省、门下省和弘文馆、史馆等中央官署。

紫宸殿是内廷正殿，皇帝经常在此召见大臣、颁布谕旨、处理政事，其北为后宫嫔妃的寝殿。内廷大部分空间被辟为园林景区，有一大一小两个水池，统称为"太液池"，西池中堆造大岛蓬莱山，山上建亭子，种植了很多桃花，池岸边建造了长安殿、仙居殿、拾翠殿、含冰殿、承香殿、长阁、紫兰殿、含凉殿、玄武殿、绫绮殿、宣徽殿、太和殿、清思殿等殿堂建筑，还有花房温室殿、浴室浴堂殿、佛寺明德寺、道观大角观与三清殿等，功能非常复杂。

大明宫的西部有一座麟德殿，是皇帝大宴群臣的地方。此殿由三座建筑组合而成，前后为殿堂，中间为双层楼阁，东西面阔十一间，南北进深十七间，面积约5400平方米，室内可容三千余人同时宴饮，壮观程度不在西方大教堂之下。殿两侧分别建有东西二亭和郁仪楼、结邻楼，造型参差起伏，更显复杂。

大明宫建筑的色彩比较素雅。墙壁基本保持黄土本色或刷白粉，局部以青砖包砌，木构件分别刷赭色、红色、黑色、白色，门扇多为红色，窗棂为绿色。屋顶一般都铺设青灰色的瓦，只有少数特殊建筑采用黄绿蓝三色琉璃瓦。

安史之乱后，大唐帝国逐渐走向衰落，国库空虚，大明宫很少再有新的兴作，许多濒于残破的建筑也得不到修缮。晚唐时期黄巢起义军攻占长安，各路人马来回争夺，几番焚掠，将这座天下无双的宫殿夷为废墟。所幸其遗址得到有效的保护，2014年，大明宫遗址作为"丝绸之路：长安—天山

唐代大明宫麟德殿模型

廊道的路网"项目的重要节点，被联合国教科文组织列入《世界遗产名录》。那些飞阁翔丹的殿堂亭台虽然早已被毁，却仍有荒基颓垣、残石碎瓦可供凭吊，昔日盛景，依稀可以想象。

紫禁之巅

永乐创建

明太祖朱元璋建立大明王朝，定都南京，在钟山西侧山脚下修建宫殿，四面分设午门、玄武门、东华门、西华门，外朝设奉天、华盖、谨身三大殿，内廷设乾清宫、坤宁宫，后来在南面扩建承天门、端门，在东西两侧建文华殿、武英殿，力求恢复汉族王朝"三朝五门"的旧制。洪武二年（1369年），太祖又将故乡临濠定为中都，大建宫殿，格局基本相似。

明成祖朱棣是太祖第四子，继位前封燕王，其王府设于由元大都城改建而来的北平。后来他发动"靖难之役"，起兵攻占南京，夺了侄儿建文帝的皇位。成祖登基不久就下诏将北平改为北京，永乐四年（1406年）开始在全国各地采办木料、石料、砖瓦，征发民工，永乐十五年至十八年（1417—1420年）兴工建造北京紫禁城。新宫基本告竣后，正式将首都迁至北京，紫禁城也取代南京宫殿成为王朝的核心。

"紫禁"二字是天帝所居的"紫微垣"与"宫禁"的合称，象征人间的皇帝是天帝的化身，统领江山社稷。紫禁城曾经多次遭遇火灾，英宗正统五年（1440年）复建三大殿和乾清宫，太监阮安和苏州香山籍匠师蒯祥主持工程。此后又不断

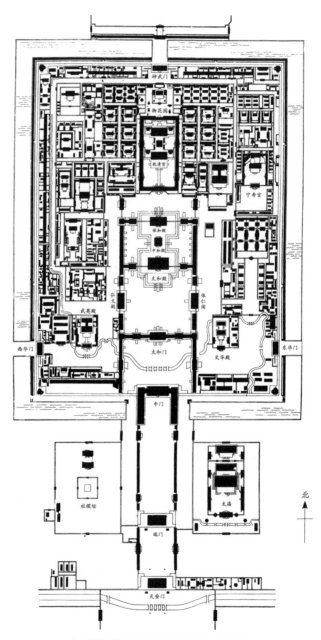

北京紫禁城平面图（引自《中国古代建筑史》）

重修、增筑，直到万历二十五年（1597年）才宣告完备。

明末李自成起义军一度占领北京，在败退之际放火烧毁了紫禁城的大部分建筑，后来清朝统治者基本按照原来的规制进行重建，局部虽有差异，但总体面貌仍与明朝保持一致。

外朝殿阁

北京紫禁城承袭南京宫殿的基本格局，壮丽宏阔的程度有所超越，占地面积达到72万平方米。外围环绕城墙，防卫严密，四隅各建一座角楼。正南的午门是正门，皇帝车驾由此出入，大臣上朝入东华门，命妇进宫觐见皇后入西华门，北面的玄武门是太监、杂役出入口，清代为了避康熙帝的名讳改称神武门。

宫城内部采用基本对称的"院套院"的空间形式，由大大小小上百个院子组成外朝和内廷两大区域。外朝包括三大殿，文华、武英二殿以及内阁公署等，主要承担朝仪、行政功能。内廷包括乾清宫、交泰殿、坤宁宫三殿，东、西六宫，乾东、西五所，慈宁宫、宁寿宫等建筑，是皇帝、太后、后妃、皇子们的生活区，兼有理政功能。

在一条纵贯南北的中轴线上分布着紫禁城重要的建筑。三大殿之前设有多道城门和宫门，从外城正门永定门经内城正门正阳门一直向北，先设一座大明门，清代改为大清门，民国时期又改为中华门（1958年拆除，1976—1977年在其原址上建造了毛主席纪念堂）；然后是皇城正门承天门，清代改称天安门；继续向北，穿过端门，就来到午门。

午门是颁布大典诏书、献俘的所在，采用类似唐代大明

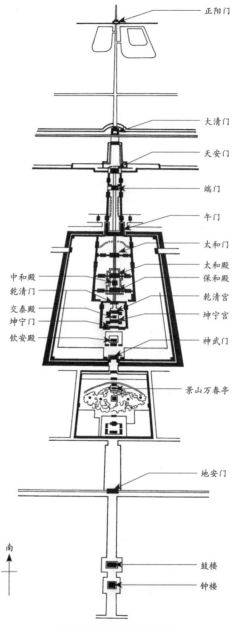

正阳门

大清门

天安门

端门

午门

太和门

太和殿

中和殿　　保和殿

乾清门

交泰殿　　乾清宫

坤宁门　　坤宁宫

钦安殿　　神武门

景山万春亭

地安门

南

鼓楼

钟楼

北京城中轴线主要建筑位置图

宫含元殿那样的"殿阙合一"形式，中间为九间城楼，左右两侧各建翼阁。从前的历史演义小说中经常有"将大臣推出午门斩首"的情节，实际上这种事情从未发生过，午门外不是行刑的地方，明代在这里曾以"廷杖"的方式处罚大臣。

午门之北为太和门，明代曾经叫奉天门、皇极门，明代和清初时皇帝曾在此早朝，号称"御门听政"。天安门和太和门前各有一条金水河，河上架设五座汉白玉石桥。进了太和门，才来到三大殿前的广场。前面的一系列大门相当于一首乐曲的漫长前奏，又如文学修辞中的排比句式，反复渲染，营造出九重宫阙深不可测的空间氛围，以此强化皇帝的至尊地位。

外朝三大殿是紫禁城最核心的建筑，从南至北依次为奉天殿、华盖殿、谨身殿，坐落在"土"字形平面的三层汉白玉台基之上，殿内均设有皇帝的宝座。嘉靖四十一年（1562

北京紫禁城午门

北京紫禁城外朝三大殿鸟瞰（引自《航拍中国1945》）

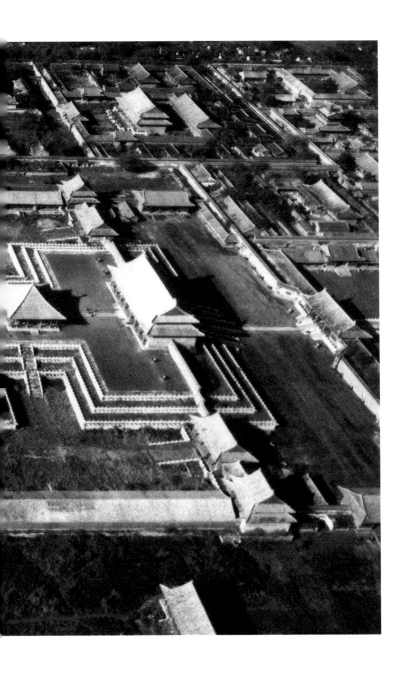

年）重建后更名为皇极殿、中极殿、建极殿，清代又改为太和殿、中和殿、保和殿。

太和殿于清朝康熙三十四年（1695年）最后一次重建，面阔十一间，进深五间，共设七十二根柱子，重檐庑殿顶，虽然比明代的奉天殿明显缩小了一圈，却是中国现存体量最大、等级最高的古建筑，民间俗称"金銮殿"，在此举行皇帝登基、元旦朝贺等最盛大的仪典。殿前宽阔的月台上陈设铜龟、铜鹤和测影计时的日晷（guǐ）、象征标准容器的嘉量，台下有面积达2.5万平方米的广场，仪典过程中文武百官按照品级高低依次恭立于殿内、台上和台下。

中和殿重建于明末天启七年（1627年），方形平面，面阔、进深各三间，单檐攒尖顶，形如大亭子，是朝会期间皇帝的临时休憩之地，另外，一些重要的祭典前一日皇帝也会

北京故宫博物院月台陈设（左起：铜鹤、嘉量、铜龟、香炉）

来到此殿御览祝版上的祈祷文字。

保和殿面阔九间，重檐歇山顶，规格仅次于太和殿，明代用作皇帝大朝前的更衣准备之所，清初顺治、康熙二帝均曾临时设为寝宫，之后每年除夕和正月十五在殿内赐宴外藩和王公大臣，乾隆五十四年（1789年）开始在这里举行殿试。

明代前期在太和殿广场东侧建有文楼，嘉靖年间改名"文昭阁"，清代又改称"体仁阁"，用作收藏丝织品的缎库。与之对应，广场西侧建有武楼，嘉靖年间改名"武成阁"，清代改称"弘义阁"，用作收藏金银、珠宝、器皿的银库。二楼造型一致，均为两层九间庑殿顶，总高度相当于太和殿的70%，仿佛一文一武两个侍从，拱卫大殿。

文华殿和武英殿是两个独立的院落，分居东西，均由门殿、"工"字形平面的正殿和两侧廊庑构成。文华殿是皇帝召

北京紫禁城太和殿

北京紫禁城太和殿内宝座

北京紫禁城体仁阁

见翰林学士讲论经学的地方，清乾隆年间在殿北仿照浙江宁波天一阁建文渊阁，面阔六间，用于收藏《四库全书》，屋顶采用黑色琉璃瓦，周边加一圈绿色琉璃剪边。武英殿是皇帝召见群臣的别殿，李自成在此登基称帝，康熙帝在此埋伏侍卫，擒拿权臣鳌拜。清代在武英殿廊庑中设有修书处，用铜活字印刷了大量的殿本图书。

　　武英殿庭院西北有一座名为"浴德堂"的浴室，被认为是紫禁城中仅存的一座元代遗物，其前室为三间歇山建筑，后室为方形平面，上罩穹顶，内部满铺白琉璃砖，顶部开窗，室外有井亭和锅台，可汲水入锅，再烧水为蒸汽，输入室内作沐浴之用。武英殿南侧的南薰殿是明代建筑，小巧精致，彩画绚丽，殿内收藏历代帝王和名臣的画像。

北京紫禁城文渊阁（赵鹏摄）

北京紫禁城武英殿

北京紫禁城浴德堂
浴室内景（赵鹏摄）

北京紫禁城浴德堂浴室穹顶

内廷乾坤

紫禁城内廷大门为乾清门，两侧设有"八"字形的门墙，清代后来将"御门听政"改在这里举行。中轴线上坐落着乾清宫、交泰殿、坤宁宫三大殿，砌筑了"工"字形的台基，院落和建筑的尺度都明显小于外朝三大殿。乾清宫原为皇帝的寝殿，连廊面阔九间，重檐庑殿顶，殿内宝座上方悬挂着"正大光明"匾。坤宁宫明代为皇后寝殿，清代改为萨满祭祀场所和皇帝大婚的洞房。明初两殿之间以长廊连通，嘉靖年间撤廊改建了一座交泰殿，形制类似中和殿，方形平面，攒尖顶，元旦等节日皇后在殿内接受朝贺，乾隆年间将二十五枚玉玺贮藏于此。"乾"代表天和皇帝，"坤"代表地和皇后，《易经》有云"天地交泰"，可见这三座大殿承载着天地和谐、帝后敦睦的寓意。

雍正帝继位后不再住乾清宫，而是以西侧的养心殿作为寝宫，同时在此召见大臣、批阅奏折。养心殿后来做过多次改建，正殿分前后二殿，连以穿廊，平面呈"工"字形。养心殿的前殿正面在三开间的基础上再加柱子，分隔成宽窄不等的九间，西侧搭建六间开敞的抱厦，外观并不对称。室内空间异常复杂，其中东暖阁设有两层的仙楼，晚清同治、光绪年间两宫太后在此垂帘听政；西暖阁分成几个小室，前室东间悬挂"勤政亲贤"匾，下设皇帝宝座，西间辟为独立的小书房三希堂，后室分为长春书屋和无倦斋。后殿体量较小，左右分别为体顺堂和燕喜堂，院子两侧另有东西配殿和东西围房，显得相当拥挤。雍正之后朝廷最重要的机构军机处的值房就设在院外南侧，便于皇帝随时召见和处理各项军

北京紫禁城乾清宫

北京紫禁城养心殿（魏瑞瑞摄）

政事务。

内廷三大殿两侧设有东西六宫，都曾经改过名字，现存东六宫指承乾宫、景仁宫、钟粹宫、景阳宫、永和宫、延禧宫，西六宫指永寿宫、翊坤宫、储秀宫、咸福宫、长春宫、启祥宫。这十二组宫殿是嫔妃的生活区，格局相似，大多是两进庭院，设有宫门和前殿、后殿。清代皇后不再住坤宁宫，改住承乾宫、长春宫或储秀宫。慈禧太后于咸丰二年（1852年）入宫为贵人，住在储秀宫的后殿，在此诞下同治帝载淳，后来特意在自己五十大寿之际重修此宫，装饰考究，冠绝后宫。

东西六宫的北面分别建有乾东五所和乾西五所，各有五组庭院，规制统一，每院设有院门和前、中、后三殿，主要用作皇子、皇孙的居所。乾隆帝继位前曾在乾西二所

北京紫禁城储秀宫正殿

住过，登基后将二所视为潜龙肇祥之地，改名"重华宫"，东侧的头所改建为漱芳斋，西侧的三所改作厨房，四所、五所改建为建福宫，而乾东五所仍保持原来的格局。清代另在东华门内偏北区域建造南三所，与乾东西五所同为皇子生活区。

历代皇室很注重孝养太后，紫禁城中也先后修建了多处太后寝宫，东部的宁寿宫和西部的慈宁宫、寿康宫都曾经是太后、太妃的居所，庭院和殿堂尺度大于东西六宫。太后生日朝贺、上尊号等庆典大多在慈宁宫举行，其正殿面阔七间，原是单檐歇山顶，乾隆年间改为重檐歇山顶。

乾隆帝幼年时曾经得到祖父康熙帝的钟爱，继位之初便焚香祷告，说祖父当了六十一年的皇帝，自己不敢超越，只求上天保佑，让自己坐满六十年皇位，之后就退位去当太上皇，遂于乾隆三十六年至四十一年（1771—1776年）对旧宁寿宫进行全面改建，作为未来退位后的太上皇宫。整组建筑分为前朝、后寝两个部分，仿佛是紫禁城外朝、内廷核心空间的缩影。前朝区域设皇极门、宁寿门二门和皇极殿、宁寿宫二殿。后寝区域分为三路，中路设养性门、养性殿、乐寿堂、颐和轩、景祺阁，属于寝宫性质；东路设扮戏楼、畅音阁（大戏楼）、阅是楼（观戏处）、庆寿堂、景福宫、梵华楼、佛日楼，用于看戏和礼佛；西路是独立的花园，是惬意游赏之地。

奉先殿位于内廷三大殿东侧、宁寿宫西侧，正殿分为前后二殿，下设"工"字形台基，前殿面阔九间，重檐庑殿顶，后殿也是九间，单檐庑殿顶，殿内分隔为九室，分别供奉本

北京紫禁城宁寿宫畅音阁

北京紫禁城奉先殿（赵鹏摄）

朝皇帝皇后的画像，重要节日均需在此献祭。

庭园佛堂

紫禁城内廷北部有御花园，历经多次重修和改建。全园分为中、东、西三路，左右大致对称。南院墙正中设坤宁门，北墙设承光门。园内中央偏北位置辟有一个四面围合的独立院落，南面有一座天一门，院内建造了一座五开间的重檐大殿，名为"钦安殿"，供奉道教真武大帝神像。园东南和西南位置分别建有绛雪轩和养性斋，平面一为"凸"字形，一为"凹"字形，恰成对照；其北的万春亭和千秋亭造型相同，均设上下两重屋檐，下为"十"字形，上为圆形；浮碧亭和澄瑞亭都横跨在一个长方形的水池上，池中有游鱼出没。东路最北是五间摛（chī）藻（铺陈辞藻、施展文才的意思）堂，其西侧原来有一座观花殿，明万历年间拆除，改在原址堆叠了一座太湖石假山，名叫"堆秀山"，山顶建了一座御景亭，虽然高度只有10米左右，却可以俯瞰紫禁城，眺望西苑和景山风光，视野开阔，成为宫廷重阳节登高的地方；西路最北是五间的位育斋，其东建有两层三间的延晖阁。园中点缀若干奇巧的山石和花木，给严整的格局带来一些自然气息。

除了御花园，紫禁城中的宁寿宫、慈宁宫和建福宫都附设了花园，以宁寿宫花园艺术水准最高，一共包含五个庭院，各有主题。第一进院有一座借用东晋永和年间兰亭雅集典故的禊赏亭，在台基上凿出蜿蜒的水渠表现"曲水流觞"；第二进院正房是遂初堂，表示完成当初的心愿；第三进院堆满假山，旁边有延趣楼，表达了皇帝的审美情趣；第四进院

北京紫禁城御花园钦安殿

建了一座两侧的符望阁，表达"符合期望"之意；最后一进院北是倦勤斋，意思是"勤政一生之后的休息之地"，室内设有小戏台，装修极精，空间异常复杂，墙上和天花都以西方透视技法绘制了大幅图画。

　　明清皇室成员大多信佛，紫禁城内设有多处佛堂、佛楼。其中最奇特的当数雨花阁，位于内廷西侧的春华门内，造型参考西藏阿里古格王朝的托林寺迦萨殿，上下三层，逐层收分显著，攒尖屋顶上覆盖鎏金铜瓦，顶端竖立一尊藏式喇嘛塔，四条屋脊分别安装了一条铜龙，屋檐下有泥塑涂金的蟠龙在梁柱之间盘旋，室内按照藏传佛教的坛城模式布置，供奉佛像和金刚，充满神秘感。

北京紫禁城宁寿宫花园禊赏亭

北京紫禁城雨花阁（赵鹏摄）

北京紫禁城太和门前金水河

　　出于安全考虑，紫禁城外朝区域几乎没有植物，内廷的花木也较少，主要集中于东西六宫和几处花园内。宫城中萦绕着长达12000米的河道，同时设有完整的沟渠系统，足以满足防火和排水之需。

　　总体而言，紫禁城的空间秩序极为严谨，同时也有一定的变化，高低错落，进退开合，主次分明。建筑类型除了大量的殿堂之外，还有门、楼阁、亭子、庑房、游廊等，大多采用汉白玉基座、黄色琉璃瓦和红色墙面，辅以各式彩画，充分表现了华贵的皇家气派，如同一首波澜壮阔的交响乐，回荡在天地之间。所有建筑都严格遵循等级规范，开间数量、屋顶形式、台基高度、彩画图案乃至木石砖瓦的用料规格、雕刻精度和室内陈设均有所区别，可视为封建社会的制度缩影。

沈阳故宫

大殿初立

清王朝的建立者满族的历史可以上溯至先秦时期的肃慎，其先民一直繁衍生息于中国东北地区的黑龙江和长白山区域。宋朝以后称为"女真"，族人完颜阿骨打曾建立金朝。明朝万历十一年（1583年），关外建州卫首领努尔哈赤开始率兵四处征战，逐步兼并了东北女真各部，创立八旗制度。万历四十四年（1616年），努尔哈赤在赫图阿拉城登上大汗之位，建立后金政权，年号天命。两年后，以"七大恨"誓师，与明朝开战，先后攻占了抚顺、沈阳、辽阳、广宁等地。天命十年（1625年），后金将都城从辽阳迁至盛京（今辽宁沈阳），在城内营建宫殿。

这组建筑四面有宫墙围绕，形成一个长方形的大院子，格局完全对称。北面正中位置端立一座大殿，起初叫"大衙门"，后改称"笃恭殿"，康熙年间又改称"大政殿"。此殿采用八角形平面，下筑1.5米高的须弥座台基，带石雕栏杆。屋身外围的二十四根柱子构成一圈透空的柱廊，正南中间的两根柱子上各盘一条金龙，八根内柱上安装隔扇门。屋顶为重檐攒尖形式，铺黄色琉璃瓦，绿色琉璃瓦剪边，顶端为火焰宝珠。殿内装饰天花板与藻井，下置宝座，前列香炉、烛台，后倚屏风。

大政殿东西两侧按"八"字形排列两翼，各建五座正方形平面的配殿，均为单间周围廊建筑，歇山灰瓦屋顶，统称"十王亭"，左翼王亭、镶黄旗亭、正白旗亭、镶白旗亭、正蓝旗亭居东朝西，右翼王亭、正黄旗亭、正红旗亭、镶红旗亭、镶蓝旗亭居西朝东，两两相对。

这组建筑似乎是一座大八角亭和十座方亭的变体，在历代所有宫殿中属于罕见的特例。满族不是草原上的游牧民族，在山林地区生活，农牧渔猎兼营，军民一体，具有很强的军事色彩，出兵、狩猎期间经常搭建营帐。努尔哈赤统军时，均以尺度较大的黄色帐篷为住所，两侧安排尺度较小的青色帐篷，由八旗首领分住，待到正式修造宫殿，便将这种格局延续下来，以大政殿和十王亭取代原来的帐篷，并用"八"字形的雁行格局来扩大空间的纵深感。后来嘉庆皇帝有一首诗生动描绘了当年后金大汗与王公贵族们举行朝会时的盛况："大殿据当阳，十亭两翼张。八旗皆世胄，一室汇宗潢。"

辽宁沈阳故宫大政殿与十王亭

崇政清宁

天命十一年（1626年）努尔哈赤去世，第四子皇太极继位，次年改元天聪，并于天聪十年（1636年）正式称帝，改国号为清。从天聪元年（1627年）起，在原有宫殿的西侧陆续扩建了一组新的宫殿，此后大政殿主要用来举行皇帝登基、宣布出征、迎接凯旋等重大仪典，而新宫则承担理政和居住功能。

新宫仿效北京紫禁城，分为前朝和后寝两个区域，包含三进院落。南面以大清门为正门，左右各带一间翼门，门前大街上横跨两座高大的牌坊，分别叫文德坊和武功坊，类似宫门附带的双阙。前院之北的正殿崇政殿面阔五间，硬山顶，是皇太极日常听政、召见群臣的地方，也会举行贺寿、赐宴等活动，殿内设有宝座、屏风。院东西两侧曾经分别建有一座三开间的东配殿和二层七间的银库。

前院之北有一个过渡性的中院，两侧原本建有飞龙、翔凤二阁。最北为后院，整体坐落于3.8米高的大台基之上。南面正中位置的凤凰楼相当于后寝区的大门，三层三间，带周围廊，歇山顶，造型优美，挺拔耸立，登楼可以俯瞰沈阳全城。

北侧正中为清宁宫，东为关雎宫、衍庆宫，西为麟趾宫、永福宫。清宁宫为皇太极与皇后所居的寝殿，五开间建筑，在东次间开门，室内将东稍间分隔成独立的东暖阁，安设床铺，另外四间沿墙三面布置大锅、炕床和其他陈设，称为"口袋房"，可举行皇室内部的家宴和萨满仪式。其余四殿由其他嫔妃居住，均在明间开门，两边的东西次间、稍间

辽宁沈阳故宫崇政殿

辽宁沈阳故宫清宁宫

分别布置转圈的炕床，称作"卐"字炕。著名的孝庄太后本是皇太极的庄妃，当年就住在永福宫，在此生下后来的顺治帝福临。

后院中有一根引人注目的神杆，又称"祖杆""索伦杆"，传说源自古代的树木崇拜和萨满祭典，高近7米，上面装了一个形如大碗的锡斗，满族宫廷每逢节日或宗族聚会，都要杀猪祭祀，可在斗内盛肉以饲乌鸦。

东巡续建

清廷入关后，盛京的皇宫依然作为陪都宫殿得以保留，但已失去了政治中心的职能，仅在皇帝东巡拜谒关外皇陵时才临时入住。宫殿在康熙年间曾进行过多处的局部重修，但依然维持原有格局。到了乾隆年间，为了满足巡幸期间的使用需求，在崇政殿、清宁宫庭院左右两侧兴建了东所和西所，各有五进院落，供皇太后和皇帝、后妃起居。又在大清门内东侧设立一组太庙，将崇政殿前的东配殿、银库与后面的飞龙阁、翔凤阁拆除，改在殿前另外建造了新的飞龙阁、翔凤阁，在中院空地两侧修筑了日华楼、师善斋、霞绮楼、协中斋等，后来还在西路陆续增建了嘉荫堂、仰熙斋、文溯阁、戏台等建筑，形成了今天沈阳故宫东、中、西三路并峙的格局。

康熙、乾隆、嘉庆、道光四帝前后共十次东巡盛京，东巡期间除谒陵外，一般均在崇政殿接受朝贺，在大政殿举行筵宴，乾隆以后，皇帝多在新建的西所迪光殿或保极宫处理政务、召见大臣。值得一提的是，皇帝不在的时日里，盛京官员仍按入关前旧制每月在大政殿前坐班，逢元旦、冬至、万寿三大节则需在大政殿行朝贺之礼，向虚设的皇帝宝座三拜九叩。

沈阳故宫的殿宇基本参照明代宫廷建筑的规制来营造，匾额题名也大多来自中国传统的儒家典籍，仿佛是一个缩小的紫禁城，占地面积仅 6.3 万平方米，不及北京故宫的 1/11。大政殿为八角攒尖顶，凤凰楼为歇山顶，其余建筑均为硬山顶，面阔以五间为主，等级差异并不明显。从院落布局到建筑装饰、室内陈设，都充分反映了满族的生活习俗，局部还融入了藏族和蒙古族的一些装饰手法，前面提到的大政殿与十王亭的空间形态、口袋房、"卍"字炕、神杆都是典型的例证。最特别的地方是后寝区雄踞高台之上，与绝大多

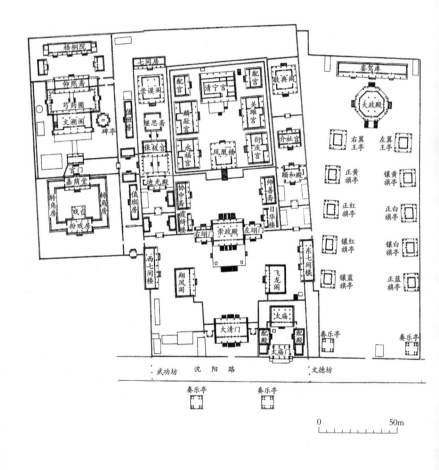

辽宁沈阳故宫总平面图（引自《中国古代建筑史》）

数王朝宫殿前高后低的模式截然相反。究其原因，是东北的满族人通常在山脚位置建造住宅，前面的平地放置厅堂，后面隆起的山坡上安排卧室，沈阳故宫正是对这一习俗的忠实反映。

北京故宫和沈阳故宫作为保存完好的两大宫殿建筑群，均已成立博物院，其中收藏了大量的文物珍品，并先后于1987年和2004年被联合国教科文组织列入《世界遗产名录》，徜徉其中，可以充分领略古代美轮美奂的建筑艺术和灿烂辉煌的宫廷文化。

辽宁沈阳故宫西路建筑
左：文溯阁，中：西所的崇谟阁，右：仰熙斋

【庑殿】

第五章

祭祀圣地

——中国古代坛庙建筑

国之大事

古代先民披荆斩棘，拓荒开垦，为生存而奋斗，对大自然抱有强烈的敬畏之心，继而认为天地山川皆有神灵寄托，主宰人间祸福，祖先和重要人物的亡灵也会永久存在，因此很早就开始举行各种祭祀活动，祈求庇佑，并修造特殊的建筑来举办相应的仪式。

早期聚落与城市的遗址中大多包含独立的祭祀建筑，宫殿、住宅中的某些空间也可能承担祭祀功能。位于辽宁凌源市与朝阳市建平县交界处的牛河梁遗址是新石器时代红山文化的遗迹，距今约五千年，其中发现半地穴式的女神庙和石头垒成的一方一圆两座祭坛，可见当时人的祭祀对象已经相当复杂。殷墟中的祭庙前面往往设有殉葬的大坑，出土的龟甲或兽骨上刻画着求神占卜的文字。文献记载周代的明堂不但是朝会之地，也是祭天、祭祖的场所。

先秦史书《左传》声称"国之大事，在祀与戎"，意思是祭祀与战争是国家最重要的两大事务，生死存亡全系于此。经过历代的传承演变，中国古代国家性的祭祀系统主要由祀奉天地、山川、祖先、先贤的各大坛庙建筑群构成，并形成一套严密的仪典程式，纳入儒家礼制规范，崇高神圣，不同凡俗。

天地社稷

明太祖朱元璋推翻元朝，致力于恢复汉族王朝的旧制，在首都南京的郊外设置祭祀天地的大祀坛，在宫城午门外东西两侧建太庙和社稷坛。成祖朱棣定都北京后，在京城内外修建了更多的坛庙，又经过嘉靖年间的调整和重修，达到完备的境地，基本上被之后的清代全盘继承，民间将这些建筑统称为"五坛八庙"。诸坛均以一座露天的石台祭坛为核心，布置一系列的殿堂庭院。

宇宙万物之中，中国古人最尊崇的是天，历代皇帝都自称"天子"，代表上天统治天下万千臣民，明清两朝颁布的诏书开头经常用"奉天承运"四字。帝王虽然掌握着无限的权力，一切行为依然必须顺应天意，否则就会遭到天谴。在所有国家祭祀活动中，祭天大典最为隆重，祭天场所规格最高。

很多朝代将天地合在一起祭祀，如西汉初年在长安建五帝祠，东汉在洛阳营坛。明永乐年间在北京城南郊所建的大祀殿也是天地合祀，正殿为圆形平面，三重屋檐，从上至下分别铺蓝色、黄色和绿色琉璃瓦，对应天、地和万物。嘉靖年间扩建外城，将大祀殿纳入城墙范围内，更名为"祈谷坛"，在此求雨祈丰，专设石坛祭天，另在城北建地坛祭地。清乾隆年间将祈谷坛改名叫"祈年殿"，三重屋檐全部换成蓝色琉璃瓦。

现存天坛位于北京外城东南部，总面积达273万平方米，约4倍于紫禁城，基本保持了明嘉靖之后的规制，设有内外两重墙垣，南墙方整，北墙的东西两角处理成圆弧形。三座

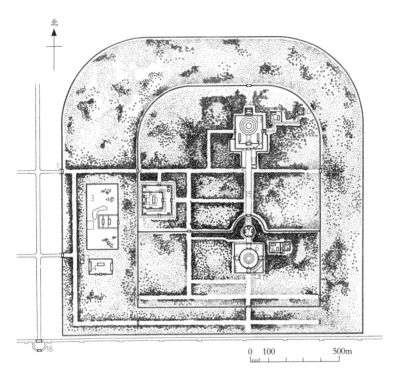

北

0   100   500m

北京天坛总平面图（引自《中国古代建筑史》）

1 坛西门　2 西天门　3 神乐署　4 牺牲所　5 斋宫　6 圜丘　7 皇穹宇　8 成贞门
9 神厨神库　10 宰牲亭　11 具服台　12 祈年门　13 祈年殿　14 皇乾殿
15 丹陛桥　16 永定门　17 钟楼

最核心的建筑圜丘、皇穹宇和祈年殿均为圆形平面，所在院落分别以方形、圆形或半圆形的墙壁来环绕、分隔。这些图形都是根据古人"天圆地方"的观念设计的。

天坛正门坛西门位于外墙西北侧，入门后有一条通道穿越内墙上的西天门，道南有神乐署，是管理祭天乐舞的机构。再南的牺牲所是豢养献祭用的牛羊等牲畜的场所，现已

北京天坛斋宫

北京天坛圜丘

不存。西天门内南侧地段设有斋宫，属于临时宫殿的性质，通常皇帝会在祭天大典的前夕入住其中，斋戒沐浴，故而以两重宫墙和一圈护城河围合，防卫严密。

中轴线偏于东侧，南面的圜丘是一座露天的祭台，以汉白玉砌筑三层基座，通高5.17米，周环一圆一方两重矮墙，四面竖立棂星门，院落东南部布置三座高灯杆、十二座铁炉和一尊琉璃炉。圜丘台面中央有块圆形的石头号称"天心石"，冬至祭天日皇帝在这里对天叩拜，完成最重要的一项祭礼。

圜丘之北的皇穹宇始建于明嘉靖九年，改建于清乾隆年间，是一座小巧精致的圆形建筑，汉白玉石雕基座，屋顶

北京天坛皇穹宇

铺蓝色琉璃瓦，殿内供奉"昊天上帝"的牌位。南建砖砌拱门，东西各设一座配殿。四周筑有一圈3.72米高、0.9米厚的墙垣，墙面光滑，浑然一体，贴墙发声，可带来特殊的传声回响，被称作"回音壁"。这其实是精准施工和弧形构造带来的意外效果，并非故意而为。

北部的祈年殿重建于清光绪十六年（1890年），是天坛最高的建筑，在三层汉白玉台基之上构建圆形平面的殿身，上为三重蓝色琉璃瓦屋顶，安置鎏金宝顶。屋顶、台基的纯净色彩与蓝天白云相呼应，又与朱红色的柱子、门窗及金碧炫目的彩画形成鲜明的对比。这里是皇帝祈求风调雨顺、五谷丰登的场所，寄托了农耕文明的最大企盼。外围以高墙围合成正方形的庭院，南面的祈年门明间的柱子和额枋构成一

北京天坛祈年殿外观

北京天坛祈年殿内景

北京天坛皇乾殿

北京天坛鸟瞰（引自《航拍中国1945》）

个景框，恰好将祈年殿收入框内，变成一幅裁剪精当的立体图画。院东西各设一座九开间的配殿，院北另有一个独立的小院，其中包含一座面阔五间的皇乾殿，蓝色琉璃瓦庑殿顶，仍是明代原构，内设神龛，供奉"皇天上帝"和皇帝列祖列宗的牌位。

天坛中的建筑尺寸和构件数量都具有特殊的象征含义。祈年殿内共设三圈柱网，内圈四根柱子代表一年四季，中圈十二根柱子代表十二月份，外圈十二根柱子代表每天十二时辰。圜丘坛面铺地与栏杆、台阶所用石块都是九的倍数——九是与天对应的最大的"阳数"，同时符合"九五之尊"的帝王身份。

圜丘和祈年殿之间砌筑了长 359 米、宽 30 米的丹陛桥甬道，两个院落的地面和甬道的路面都比周围的地面高 4 米左右，没有任何花木，而其余空地上大量种植柏树，使得主体建筑的基座处于树梢的位置，仿佛飘浮在半空中，离天只有咫尺之遥。

先秦典籍《考工记》有"左祖右社"的记载，意思是应在宫殿的东侧设立祭祖的宗庙，在西侧构筑社稷坛。明清时期遵循了这一规制，在紫禁城端门的西北侧建有社稷坛。"社"是土地之神，"稷"是五谷之神，中国古代以农立国，自古就重视对社稷的祭祀。北京社稷坛建筑群总体布局坐南朝北，以内外两圈坛墙环绕。内墙北面设正门三间，门内设戟门，其南为拜殿，五间歇山顶建筑，是皇帝举行祭礼前的休息之处，如遇风雨，就在殿内拜祭。最南为矮墙环绕的五色土方坛，分为上中下三层，高约 0.96 米，台面铺设五种颜色的土壤，中央黄土，东青土，西白土，南红土，北黑土，与土木金火水五行相对应，四面的矮墙及墙檐的琉璃瓦也分别采用相应的颜色。坛中央竖立一块方锥形的石柱，名为"社主石"。此外，另有宰牲亭、神厨、神库等附属建筑。民国三年（1914年），在北洋政府内务部总长朱启钤的主持下，社稷坛改建为中央公园（后改称"中山公园"），向社会开放，并在其中引水叠山，构筑亭榭，培植花卉，成为北京第一座现代城市公园。

北京城内外还分布着方泽坛、朝日坛、夕月坛、先农坛、先蚕坛等建筑群，格局相似，中心位置建造祭坛，四周围绕坛墙。

北京社稷坛五色土方坛

清代宫廷画家绘《雍正帝祭先农坛图》
（引自《清史图典》）

方泽坛即地坛，位于北京安定门外，与天坛相对，是祭地的场所。北为正门，门内设二层祭坛，上层六丈（约20米）见方，下层边长十丈六尺（约35米），均为"阴数"，铺设黄色琉璃和青白石，象征大地。坛四周挖了一圈水渠，象征河流。

朝日坛在朝阳门外，夕月坛在阜成门外，均为方形祭台，单层。日坛西向，外墙圆形；月坛东向，外墙方形。台面分别铺设红琉璃砖（清代改为灰色的金砖）和白色石块，数量一为奇数，一为偶数，象征太阳和月亮，彼此相对。

先农坛位于外城西南部，是皇帝行耕田之礼和祭祀神农的地方。祭坛平面为方形，举行祀典时要在坛上搭建临时性的黄色帐篷。坛墙内设有专门的籍田，每年农历三月，皇帝亲自在此扶犁耕种，户部大臣陪从。此外，还有斋宫、具服殿、太岁殿、拜殿等建筑。先蚕坛原在安定门外，后来搬到西苑中，是皇后亲行蚕桑之礼的地方，与先农坛相对应，反映了中国古代男耕女织的传统。

祖庙宗祠

中国人自古有祖先崇拜的情结，皇室与官宦人家设立宗庙、家庙，民间修建了大量的祠堂，供奉祖先牌位与画像，在节日和诞辰恭行祭礼。祠堂一般建于城内府宅一侧，或乡村聚落的核心位置，也经常位于墓地附近。山东济南长清区的孝堂山顶郭氏墓有一座东汉初年所建的石构祠堂，悬山屋顶，用较小的比例模仿当时的木构建筑形象，内壁刻满画像，是中国现存最早的完整的石屋。

北京太庙位于端门的东北侧，与社稷坛相对，是皇室祭祖的宗庙，始建于明永乐十八年（1420年），最终完成于明嘉靖时期，建筑屋顶均铺设黄色琉璃瓦，墙壁为红色，与紫禁城保持一致。周围设两重墙垣，最南为琉璃所制的庙门，后为金水河，河上架设七座石桥，过桥为戟门，门内设享殿、寝殿、祧（tiāo）庙三座大殿，面阔均为九间，每座殿宇的东西两侧各设一座配殿。享殿采用重檐庑殿顶，带周围廊，规格与太和殿相仿，皇帝在此行祭拜大礼。寝殿和祧庙体量小于享殿，都是单檐庑殿顶，殿内分别供奉本朝太祖以来的历位皇帝、皇后神位与皇室远祖的牌位。

在宫殿和皇家园林中也会包含宗庙性质的建筑。例如明代在紫禁城中建奉先殿，清代在景山北面重建寿皇殿，在圆明园中建安佑宫，相当于太庙的翻版。

与此同时，全国各地保存着数量众多的家庙和祠堂，除了祭祖之外，也用于全族聚会议事、婚丧嫁娶等事务，往往附设家学、义仓、戏台。安徽徽州和浙江、江西、福建、广

济南长清孝堂山郭氏墓石祠（引自《山东文化遗产》）

北京太庙享殿

东地区的各姓宗族尤其注重修建祠堂。他们的祠堂遍布城乡，发展出不同形态的院落模式。这些祠堂规模明显大于住宅，均以祭祀大厅为中心，庭院宽阔，堂上供奉祖宗牌位，悬挂匾额，建筑雕饰精美，成为维系血缘关系的重要纽带。

广州陈家祠堂建于晚清光绪年间，占地面积约1.32万平方米，是现存规模最大的祠堂建筑群，采用三路并列格局，彼此之间以穿廊隔断，每路包含两进庭院，设前中后三厅，一共有九座厅堂和十座厢房，空间严整有序。位于中央位置的聚贤堂是全祠的核心，面阔五间，前设月台。整组建筑集岭南装饰艺术精华于一身，木雕、砖雕、石雕、灰塑、铁铸技艺高超，最引人注目的特色是屋脊采用陶塑手法创造出丰富的人物、山水、花木形象，刻画生动，色彩鲜明，题材大多为戏曲故事，相当于在屋顶上摆下了十多台大戏，为祭祖仪式和全族聚会活动增添了热闹的气氛。

广东广州陈家祠堂

山川祭庙

世界各地分布着很多高大的山峰和连绵的江河、浩瀚的海洋，成为古代先民的膜拜对象。中国从上古时期开始，就对山岳、河海进行祭祀，汉代之后逐渐列为国家祀典，并在相应的地方修建祭庙，其中最重要的是五岳、五镇、四海、四渎之庙。

五岳就是东岳泰山、西岳华山、南岳衡山、北岳恒山、中岳嵩山五大名山，自然风光与人文遗迹并胜，历代帝王屡次封祭，在中国的大小山岳中地位最高。五岳各设岳庙，分别供奉五岳大帝的塑像。

泰山在山东泰安境内，是古代帝王封禅的第一圣山，山脚下的岱庙为祀奉东岳大帝的建筑群，占地面积近10万平方米，周围环绕城墙雉堞（zhìdié），现存殿堂大多重建于清乾隆年间，正殿天贶（kuàng）殿面阔九间，重檐庑殿顶，殿前

山东泰安泰山岱庙天贶殿（马之野摄）

陕西华阴西岳庙灏灵殿

河南登封中岳庙峻极殿

古柏森森，碑刻林立。

汉武帝统治时期在华山脚下修建集灵宫，以祭祀西岳大帝，后世迁至陕西华阴的华岳镇，逐渐演变为西岳庙，唐宋明清各朝屡次重修。此庙南面遥对华山主峰，周围环有明代所建的城墙，沿中轴线布置灏（hào）灵门、五凤楼、棂星门、金城门、灏灵殿、寝宫、御书楼、万寿阁等十余座建筑，其中正殿灏灵殿面阔七间，单檐歇山顶。

河南登封的中岳庙位于嵩山太室山下，前身为太室祠，始建于秦代，历史上多次重建，现存建筑少数为明代遗构，多数建于清代。整个建筑群依托坡地展开，总占地面积约10万平方米，格局严谨，中路轴线上共有十一座主体建筑，层层抬升，前后台地高差达37米，两侧以配殿、亭廊和跨院拱卫。正殿峻极殿重建于清朝顺治十年（1653年），面阔九间，重檐庑殿顶，覆黄色琉璃瓦。

湖南衡阳的南岳庙居于衡山南麓的赤帝峰下，共含三路

湖南衡阳南岳庙圣帝殿（于涛摄）

建筑，中路由南至北设有九进院落，东西两路分设八座道观和八座佛寺，集儒释道于一身。正殿为圣帝殿，面阔七间，重檐歇山顶。

南北朝开始在河北曲阳建造北岳庙，明代在山西浑源也建了一座北岳庙，清朝初年将国家祀典从曲阳移至浑源。曲阳北岳庙基址南北长542米，东西宽321米，占地面积约17.4万平方米，平面格局呈"田"字形，正殿德宁殿重建于元代，面阔九间，重檐庑殿顶。浑源北岳庙位于恒山主峰大峰岭南面的石壁之下，正殿恒宗殿又名贞元殿，面阔五间，单檐歇山顶，规格明显低于其他岳庙的大殿。

古代四渎指的是长江、黄河、淮河和济水。河南济源的济渎庙是唯一一处保存完整的渎庙，始建于隋代，以祭祀济水之神，历经后世多次重建重修，占地面积超过10万平方米。中轴线上依次排列山门、清源门、渊德门、寝宫、临渊门、龙亭、灵渊阁等建筑，两侧有御香殿、接官楼、玉皇

河北曲阳北岳庙德宁殿
（王燕军摄）

河南济源济渎庙寝宫
（黄晓摄）

山西太原晋祠圣母殿

殿、长生阁等，其中寝宫重建于北宋开宝六年（973年），面阔五间，歇山顶。庙北设有相对独立的北海祠，是遥祭北海之神的场所。

山西太原的晋祠位于悬瓮山下的晋水发源地，祀奉晋水之神，传说其原型是周成王的母亲邑姜，主殿圣母殿建于北宋天圣年间（1023—1032年），面阔七间，进深六间，重檐歇山顶，八根檐柱上缠有木雕蟠龙，昂首顾盼，炯炯有神。殿内竖立圣母塑像和四十多尊侍女像，除了两尊是明代补塑之外，都是宋代原塑，形态各异，栩栩如生，被认为是宋代宫廷生活的真实写照。圣母殿前的中轴线上还坐落着鱼沼飞梁、献殿和金人台，都是宋金时期的遗物，对越牌坊和戏台则是明清时期所建。

值得一说的是，因为五岳大帝等山神和众多的水神也被道教纳入神祇体系，相关庙宇经常由道士进驻管理，所以也兼有道教建筑的属性，但本质上仍是礼制性的坛庙建筑，与纯粹意义上的道观不同。

崇奉先贤

古代还有一类祠庙，专门祭祀历史上的圣贤和著名人物，比如孔子、颜回、孟子、屈原、关公、朱熹等等，数量庞大，各具特色。

儒家创始人孔子被尊为"万世师表"，历代统治者屡次加封，地位最高，在其故乡曲阜和全国各地都建造了孔庙，明清时期的孔庙又称文庙，规制相似，官方颁布统一的祭祀规则。

曲阜孔庙由孔子故宅发展而来，历经多次重修、扩建。明代复兴儒学，大力尊孔，对曲阜孔庙做进一步的建设，规模壮观，殿堂崇宏，堪比太庙。现存部分建筑为清雍正年间重建，仍保持了明代的格局。此庙南部设有五道门，分别叫圣时门、弘道门、大中门、同文门、大成门，比附宫廷的五门之制。圣时门前设有石牌坊形式的棂星门，同文门、大成门之间有一座奎文阁，明朝弘治年间重建，两层七间，重檐歇山，楼上藏书，楼下是祭祀前的演习之处。大成门北为明代所建的杏坛殿，方形平面，重檐十字脊，四周种植杏树，以象征孔子当年在杏坛讲学。其北为正殿大成殿，唐代名为"文宣王殿"，宋代取"集古圣先贤之大成"之意定名为"大成殿"，后因失火，于清雍正二年（1724年）重建，面阔九间，重檐歇山顶，覆盖黄色琉璃瓦，十根石质檐柱雕刻精美。大成殿后为寝殿，北面建圣迹殿，陈列一百二十幅《圣迹图》，表现孔子生平事迹。东西两路设有大量的附属建筑。曲阜孔庙是明清时期建筑群体艺术的典范之一，主次分明，秩序严谨，又通过环境布置和室内陈设强化了对孔子的纪念意义。

首都和各地府州县的文庙通常与国子监和府学、州学、县学结合在一起，是重要的文教场所。北京文庙建于元大德六年至十年（1302—1306年），明永乐九年（1411年）重建，又经过清代和民国时期的重修，包含多进院落，中轴线上依次设有先师门、大成门、大成殿和崇圣门、崇圣祠，其中大

山东曲阜孔庙大成殿

成殿原本面阔七间，清末光绪年间扩建为九间，重檐庑殿顶，前设月台。殿后的崇圣祠自成一体，用于纪念孔子与其他儒家代表人物的先辈。西侧的国子监是全国最高学府，院中有一个圆形的水池，中央建了一座正方形平面、重檐攒尖顶的辟雍，作为天子讲学之所。

各地文庙繁简不一，规制低于曲阜孔庙和首都文庙，均以大成殿为正殿，面阔三间至七间不等，通常采用歇山屋顶，并往往在大成门前设置半圆形平面的泮池，相当于国子监辟雍水池的一半。

孔庙中除了祀奉孔子，还在大成殿内和东西廊庑中配祀其他儒家先哲，包括孔子的弟子颜渊与曾参、孔子之孙子思、"亚圣"孟子、南宋理学大师朱熹等。这些先哲的故乡和其他地方往往也会为其本人各自建庙，如曲阜的颜庙、嘉祥

北京国子监辟雍

台湾省台南文庙大成殿

的曾庙、邹城的孟庙、婺源的朱子庙等。

与文庙相对应，中国从唐代开始封兴周灭商的姜太公为武成王，以先秦以来的多位名将配祀，建立武庙，明洪武年间废止。汉末三国时期，蜀汉大将关羽兵败被杀后，民间香火不绝，逐渐神化，历代朝廷不断加封，几乎与孔子地位相同；各地大建关帝庙，至清代，关帝庙正式取代姜太公庙的地位，称为武庙。

目前，全国范围内保存着数以千计的关帝庙，规模最大的一座位于关羽的故乡解州（今山西运城），始建于隋代，现存建筑重建于清康熙五十二年（1713年），占地面积达1.8万平方米，中轴线南端设琉璃照壁，其北为端门、雉门、午门三道庙门，之后是"山海钟灵"木牌坊和收藏皇帝御题匾额的御书楼；再北为主殿崇宁殿，面阔七间，重檐歇山顶，前设月台，殿身周围安设二十六根雕龙石柱，粗犷雄迈，气势迫人；最北是"奇肃千秋"牌坊和春秋楼，楼内塑造关羽夜读《春秋》的塑像。荆州、当阳、许昌、大同等地的关帝庙也各有特色，大多保留着明清时期的建筑。

南宋名将岳飞矢志抗金，惨遭冤杀，后世为了纪念他，也建立了许多岳庙，最著名的是杭州西湖岸边岳飞墓旁边的岳王庙，还有一些地方建造关岳庙，将关羽和岳飞二人合在一处祭祀。古代类似性质的祠庙多不胜数，如周公庙、屈子祠、武侯祠、李杜祠、范公祠等等，通过建筑、雕塑、壁画、碑文铭记他们的丰功伟绩，体现了对杰出历史人物的高度尊重。

山西解州关帝庙御书楼

【盝顶】

第六章

屹立如山

——中国古代陵墓建筑

事死如生

中国古代流行厚葬，往往不惜人力和财力来修筑陵墓。陵墓作为一种特殊的建筑类型，通常包含地上和地下两个部分。地上大多堆叠体量突出的坟冢，附设祭祀殿堂或厅堂以及石碑、石刻，进而将整个区域布置成陵园，给后人提供一个凭吊、纪念的场所。地下则是另外一个世界，以夯土或砖石砌筑墓室，内置棺椁以安放遗体。所谓"棺"就是平常所说的棺材，而"椁"指套在棺材外面的另一层大棺，大都用木材打造而成。

古代墓葬是考古发掘的重要对象，其中出土了很多珍贵的文物，同时也保存着丰富的历史信息。历代君主和贵族一般在生前就开始营造自己身后归葬的陵墓，谋划周详，施工精密，很多王朝的帝陵甚至动用举国之力，工程浩大，靡费惊人。

旧石器时代的中国先民会在山洞的深处安葬死者，由此发展出在陡峭山崖上开凿的岩墓，直到汉代，西南一些地区仍采用这种方式。新石器时代大多在居地附近安排墓地，在地下挖一个简单的长方形墓坑，有少量的随葬品和装饰物，例如河南濮阳西水坡发现了一处仰韶文化晚期的墓葬，墓主遗体的两侧以蚌壳摆出一龙一虎的图案，以示护佑。

从商代晚期开始，上层人物的墓葬已经拥有深达几米至十几米、面积几十至几百平方米的正方形墓室，南北两侧或四面经常延伸出通向地面的墓道。殷墟妇好墓安葬的是商王武丁的妃子，未设墓道，墓室南北长5.6米，东西宽4米，

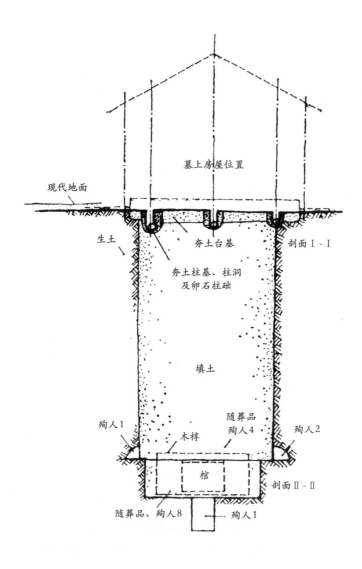

現代地面

生土

墓上房屋位置

夯土台基

剖面Ⅰ-Ⅰ

夯土柱基、柱洞
及卵石柱础

填土

殉人1

木椁

随葬品
殉人4

殉人2

棺

剖面Ⅱ-Ⅱ

随葬品、殉人8

殉人1

河南安阳殷墟妇好墓剖面图（引自《中国建筑史》）

深7.5米，内葬墓主的棺椁和十六具殉葬者的遗体，墓室对应的地面位置曾经建有一座祭堂。

战国时期在北方燕、赵之间有个中山国，是少数民族白狄建立的国家，国君的陵墓仿华夏诸国陵墓构筑，遗址在今河北平山县境内，地面上有巨大的夯土堆，半腰位置发现柱础和瓦片，推测是台榭形式的祭殿，地下墓室南北设有总长达110长米的墓道。墓中出土一件铜板，用镶嵌金银线的方式描绘了一幅《兆域图》，所谓"兆域"就是墓地的意思。这是中国现存最早的建筑总平面图，图上显示整个陵区包含中央三座大墓和左右两座中等规模的陵墓，分别用于安葬国君、哀后、王后和夫人，其上各建祭殿，外环两道围墙。

秦始皇在骊山主峰的北面修筑的皇陵是中国历史上最大的陵墓，前无古人，后无来者。陵体是高达47米的夯土台，坡度平缓，表面种植了很多草木，看上去就好像是一座天然山峰。秦始皇陵的地宫至今未做全面发掘，《史记》记载墓室屋顶内部画天象图，地面塑造九州山川地形，以水银灌注江河湖海，浓缩了整个宇宙的图景。附近的陪葬墓出土了几千尊兵马俑，工艺精湛，栩栩如生，仿佛大秦帝国的地下军团，被誉为世界奇迹。

从西汉开始，各朝帝陵大多仿秦始皇陵堆筑封土，并在前面形成完整的空间序列，墓室空间趋于复杂。贵族、大臣的坟墓也采用相似的模式，地上起坟，构筑祭堂，竖立石碑，地下凿墓穴，只是规制低于帝陵。

古代流行风水学说，又名青乌、青囊、地理、堪舆，通过勘察地形、风向、水流，选择城市、村镇和建筑的最佳基

陕西临潼秦始皇陵兵马俑

址，控制朝向、格局、尺寸、施工等环节，以求达到趋吉避凶的目的。其中部分内容符合朴素的环境科学原理，从安全、实用、日照、通风、审美、民俗的角度也能找到合理的解释，同时包含很多荒诞迷信的说法，不足为凭。陵墓的风水往往最为讲究，号称"万年吉地"，不但要保证逝者安眠，更要为子孙后代带来长久的福运。

　　总体而言，中国古代秉持"事死如生"的观念，参照活人的待遇来供奉死者，陵墓地上部分的祭殿、祭堂类似宫殿的前朝或住宅的前厅，承担仪式功能，而陵体与地下的墓室则相当于寝殿或卧室，是给亡灵准备的栖居空间，其中陪葬大量的生活用具和金银珠宝，以供享用。

汉家陵阙

一首唐代流传下来的《忆秦娥》词相传是李白的作品，其中有两句脍炙人口："西风残照，汉家陵阙。"描写的是分布于长安郊外的西汉诸帝陵寝。

汉陵在正方形平面的陵园四周构筑围墙，又继承秦代制度，在中央堆砌大型夯土陵体，造型为简洁的方锥形，类似古埃及金字塔，又像倒覆的方斗，号称"方上"。陵园之外设有一组殿堂供奉帝王牌位，四时祭祀不断。周边还附设若干妃嫔、皇子、功臣的陪葬墓，呈拱卫之势。

西汉帝陵中规模最大的是汉武帝刘彻的茂陵，其封土高约47米，与另外八陵在渭水北岸一字排开，此起彼伏。汉武帝最喜爱的将领霍去病英年早逝，其墓建于茂陵一侧，土冢

陕西兴平茂陵旧影（清华大学建筑学院藏）

形如祁连山，坡上散布着石虎、石马，雕刻手法粗犷凌厉，让人联想起当年金戈铁马的战场风云。

　　汉文帝刘恒的霸陵位于渭水南岸，靠近母亲薄太后的南陵，同时填补长安东南侧空虚，有防御京师的意义。史书记载，文帝一生节俭，霸陵依托山崖挖墓穴，不堆封土，并且只用陶器陪葬，不用任何豪华装饰。后世长期认为白鹿原上的一个名为"凤凰嘴"的天然小山便是霸陵主体，可是经过多次考古勘探都没有发现任何墓室的迹象，近年在南面2公里外的江村找到真正的霸陵，完全建在平地上，并无山丘存在，与文献记载不符。外围有一百多座随葬坑，出土了陶俑、陶器、铜印、铁器、铜车马等陪葬品。

　　东汉定都洛阳，在都城郊外建造了十一座帝陵，同样采用大型夯土"方上"之制，但陵园不设围墙，直接在园内设置祭庙，并在陵前开辟一条神道，两旁排列石像，这种石像称作"石像生"，又叫"翁仲"。

　　两汉帝陵的前面都设有陵阙，可惜全部被毁，只有零星的台基遗址可以辨别。但有二十余处东汉时期官员或平民的墓阙留存于世，最精美的一处是四川雅安的益州太守高颐墓双阙，建于建安十四年（209年），东阙残缺，西阙完整，彼此相距13.6米，均为庑殿屋顶，檐口平直悬挑，檐下雕刻斗栱，比例非常匀称。

　　汉代帝陵几乎都被后世盗掘过，损坏严重，因此人们对其内部的情况所知不多。全国各地陆续有多座等级仅次于帝陵的汉代诸侯墓得到发掘，著名者如北京大葆台广阳倾王刘建墓、永城芒砀山梁孝王刘武墓、保定满城中山靖王刘胜

四川雅安高颐墓石阙（引自《中国文化史迹》）

墓、长沙马王堆轪（dài）侯利苍家族墓，还有近年引起轰动的南昌海昏侯废帝刘贺墓，为今人了解汉代上层社会的墓葬制度提供了珍贵的实物例证。

汉代帝王、诸侯陵墓的地宫平面近似"亞"（"亚"字的繁体）字形，四面各设墓道，主体部分设有门厅、前堂、后室、左右耳房，机关重重，暗藏刀剑弩矢，以防盗墓。核心的椁室设有隆重的"黄肠题凑"——以黄柏方木层层累叠，在棺材外面构成一圈木墙，相当于建造了一座井干式的木屋。汉景帝的阳陵陪葬坑曾经出土数量惊人的缩微陶俑，色彩艳丽，人物形象比秦始皇陵的兵马俑更为丰富，还有羊、犬、猪、牛、鸡等动物造型。

山东沂南北寨村发现了两座东汉时期中等规模的墓穴，墓主不详，墓室分为若干房间，其中的梁、柱、横楣、斗栱均以巨石雕琢而成，造型模仿木构，壮硕夸张。室内布满浮雕，多以古代历史故事为题材，如仓颉造字、尧舜禅让、荆轲刺秦王、孔子见老子等，并有反映汉朝与胡人战争的生动场面。

北京大葆台汉墓黄肠题凑椁室（李倩怡摄）

山东沂南汉墓墓室

南朝石刻

　　从三国时期开始，建康（今江苏南京）先后成为东吴、东晋、刘宋、南齐、南梁、南陈六个朝代的首都，号称"六朝古都"。这些朝代都只拥有南方半壁江山，总体上偏于文雅秀逸，不及秦、汉、隋、唐那般雄强鼎盛。隋文帝灭南陈之后，下旨将建康全城荡为平地，导致这一时期的建筑遗迹非常稀少，目前能见到的，主要是一些附属于陵墓的石刻。

　　东吴大帝孙权的蒋陵位于南京东郊的紫金山南麓，现在仅存一碑、一桥和一尊石像。东晋实行薄葬制度，在建康城北的鸡笼山修造帝陵，地面不筑封土，墓室狭小，几乎没有装饰。刘宋、南齐、南梁、南陈四朝的帝陵较为崇宏，分布于建康城郊和丹阳一带，模仿汉代设置门阙、祭殿、封土，但封土大多只有一两丈高，地下墓室面积大约有几十平方米，规模远逊秦汉，其最大的特点是在陵体的前面辟有长达数百米至上千米的神道，并在神道入口两侧布置一对巨大的石雕神兽。

　　这些石兽在历史文献中有许多不同的名称，莫衷一是，民国以来学界一般将无角者称为辟邪，独角者称为麒麟，双角者称为天禄。三者之中，麒麟、天禄的地位高，用于帝陵，造型遒劲轻盈，颔下一绺长须飘洒胸

南梁安成康王萧秀墓辟邪旧影（赫达·莫里逊1944年摄）

前；而辟邪地位要低一些，用于诸侯王陵，体态健硕雄壮，巨口大开，一条长舌席卷而下，更具力量感。

实际上，辟邪、麒麟、天禄，还有传说善喷烟火的狻猊、只吃不拉的貔貅（píxiū），都是以狮子为原型添加变化，拼凑想象出来的虚构形象。百兽之中，狮虎最为凶猛，堪称王者。中国本土有东北虎、华南虎出没，但没有狮子，偶尔有商人从西亚地区运来，作为贡品献给朝廷，豢养在皇家苑囿之中。历史上九州各地多次出现虎患，伤人甚重，因此老虎通常被视为恶兽大虫，而难得一见的狮子却被奉为瑞兽，经常以石雕的形式设立于宫殿、庙宇、衙署、府邸等重要建筑的大门前，进而演化为各种更加奇异的神兽，守护陵墓，震慑妖邪，降魔除恶。

辟邪、麒麟、天禄的身上都刻有一对翅膀，其源头可追溯到公元前6—前5世纪波斯帝国珀塞波利斯宫殿石雕中出现的死亡守护神格里芬的人首翼狮形象，后来逐步变成鹰首翼狮和翻唇吐舌的翼狮造型，与其他狮子原型一起传入中国，经过能工巧匠的改造，成为华夏神兽，更加富有神采和气韵，极具魅力。

南朝陵前的石兽长达3～4米，体形比真正的狮子更为魁伟，按照统一的模式雕琢而成，却又各具变化，昂首挺胸，生动传神，四足或蹲或跪，或伸或屈，动感十足。其中梁代宗室重臣萧景墓前的辟邪最为雄健，它经常被用作南京这座城市的象征标志；齐武帝萧赜景安陵的天禄脖子超长，又因岁月磨蚀导致下巴脱落，看上去特别呆萌可爱，好像在做鬼脸；齐梁两朝丹阳陵区入口处在运河左岸竖立一尊麒麟，右岸竖立一尊天禄，身长接近4米，是所有石兽中身形最大者，细部雕饰也最为华美精致。

梁代陵寝墓道两侧除了石兽之外，还会设置一对石柱墓表，柱上凸出一块刻有文字的石板，再上为圆盘，承托一头缩小的石兽，纹饰繁复。有学者认为其形制可能受到古代波斯、印度、希腊石柱的影响。石板上的字或正或反，颇为神秘。

南京西善桥一座南朝古墓中曾经出土一组砖画，由三百多块砖拼合而成，每块土坯预先以模具套印好凸起的线条，再烧制成砖，依次砌筑于墓室之中。画上有八位人物，其中荣启期是春秋时期的隐士，曾经回答过孔子的问题，另外七位是魏晋时期最受推崇的"竹林七贤"，即嵇康、阮籍、山涛、王戎、向秀、刘伶、阮咸，神情各异，风度潇洒，背景的树木也刻画得非常精细，代表了南朝建筑雕饰艺术的极高水准。

《竹林七贤与荣启期》砖画局部（南京博物院藏）

因山为陵

尽管汉代的霸陵并非真正的"因山为陵"，但因为史书中言之凿凿，居然对唐代的帝陵制度产生重大影响。

唐朝开国君主高祖李渊的献陵位于关中三原县境内，其形制参考了东汉光武帝的原陵，造型与两汉大多数帝陵相似，砌筑覆斗式的大型封土。第二任君主太宗李世民接受大臣虞世南的建议，决定以传说中的尧帝陵和史书中的汉文帝霸陵为榜样，依山筑陵，即直接以天然山峰为陵体，在山内开挖墓穴，安葬棺椁。之后唐朝大多数皇帝都纷纷仿效，一共设立了十四座巍峨的山陵，周围环绕大量的贵族和功臣的陪葬墓，气魄超过汉陵。

唐太宗和长孙皇后合葬的昭陵位于长安北郊的九嵕（zōng）山（今陕西礼泉县境内），与太白山、终南山诸峰遥相对峙。工程由担任将作大匠的著名画家阎立德、阎立本两兄弟主持，持续了十三年之久，在九嵕山主峰南坡的半山腰位置开凿地宫，架设栈道，四面砌筑陵园围墙，各开一门，按四灵方位分别定名为朱雀门、青龙门、白虎门和玄武门，南面开辟一条神道，两侧设置石像生。唐太宗令人将生前乘坐的六匹骏马的矫健形象刻在昭陵北面的祭坛上，每块长2米，高约1.7米，此即著名的"昭陵六骏"，是中国古代浮雕杰作，其中有两块被奸商倒卖出国，现藏于美国费城宾夕法尼亚大学博物馆。

唐代最宏伟的一座帝陵是唐高宗李治和女皇武则天合葬的乾陵，位于陕西乾县北部，以梁山主峰为陵体，内藏地

陕西礼泉昭陵旧影（引自《中国文化史迹》）

陕西礼泉昭陵六骏之拳毛䯄（引自《中国文化史迹》）

宫，陵园面积达240万平方米，设有内外两重围墙。主峰南面的东西二峰宛如双阙，一条长达4.9公里的轴线纵贯南北，宽阔的神道两侧竖立成对的华表、石鸵鸟、石马、石人，四门外侧各立石狮，体量比其他帝陵的石刻更为高大。引人注目的是朱雀门外有两组共六十一尊蕃酋像，以当年参加唐高宗葬礼的少数民族领袖和外国使节的形象为原型雕镂而成。又有两座高7.53米的巨碑分立于东西两侧，西碑为表彰高宗功绩的述圣碑，东碑为纪念武则天的无字碑，不刻一字，千秋功过，任由后人评说。乾陵地宫从未被盗掘过，保存完好，经过考古勘测，有专家推断其前导空间辟有墓道、过洞、天井、甬道，主体部分包含前、中、后三个墓室，中室安放高宗和武后的棺椁，有严密的防潮防腐措施。

陕西乾县乾陵陵体与神道

方城宝顶

历史上大多数朝代的帝陵都集中设置于首都附近，唯有明代的情况比较复杂，一共有十八座，分布于南京、北京、泗州、凤阳、钟祥五个地方。

明太祖朱元璋在南京登基，死后葬于钟山之麓的孝陵，生前按照帝陵的规制在祖籍地泗州（今江苏盱眙境内）为高祖、曾祖、祖父三代祖先修筑了一座祖陵，在故乡凤阳（今安徽凤阳）为父母建造皇陵。明成祖朱棣迁都北京后，在京城北面的昌平天寿山建长陵，继位的子孙在旁边各筑陵寝，形成十三陵格局。土木之变后仓促登基的景泰帝代宗朱祁钰病中遭遇其兄英宗复辟，被软禁至死，死后废帝号，以亲王之礼葬于北京西郊玉泉山金山口，陵寝规制明显低于十三陵。除此之外，明代还有一处特殊的帝陵，即湖北钟祥的显陵，埋葬在这里的兴王朱祐杬是明孝宗的弟弟、明武宗的叔叔，本人并没有当过皇帝，正德十四年（1519年）去世，葬于钟祥松林山的兴献王陵。因为武宗身后无嗣，其叔朱祐杬之子朱厚熜（cōng）得以承继大统，成为嘉靖帝，追尊其父为"睿宗献皇帝"，并将原兴献王陵升格为皇陵，大加扩建，改称"显陵"。

昌平十三陵位于北京昌平区，东、西、北三面群山环抱，经过二百多年的持续经营，以成祖的长陵为中心，构成一个完整的陵区。

长陵位于天寿山主峰之下，南面设有一条长达7.3公里的神道，成为十三组陵寝共用的主神道，嘉靖年间在山口位

江苏盱眙明祖陵神道

北京昌平长陵鸟瞰（贾玥摄）

北京昌平长陵大碑楼（贾玥摄）

置建造了一座五开间的石牌坊，作为空间序列的起点。由此向北，经过大红门、碑亭，至龙凤门，两侧设有十八对石像生，包括马、骆驼、大象和身穿官服的文臣与顶盔披甲的武将，最后抵达陵园正门。受山地形势的影响，神道并非笔直，而是略有弯折，两边远山的体量在视线中大体保持均衡。

长陵在十三陵中规模最大，陵园平面呈长方形，以围墙环绕。正门面阔五间，檐下红墙包砌，开设了三个拱券门洞。其北为祾（líng）恩门，面阔五间，歇山顶。门内为主殿祾恩殿，面阔九间，重檐庑殿顶，面积比紫禁城太和殿稍小一点，但总面阔尺寸还要略大，殿内采用12根金丝楠木柱子，最高达23米，直径1.17米，极为罕见。其北又有一道带拱洞的陵门，通向第三个院落，院中建牌坊式的棂星门和五供石台。最北为圆形平面的宝顶，直径约340米，高墙围合，上部隆起为半球形，取代了汉代以来一直延续的方锥形封土，其下即为地宫。宝城前建有方城明楼，宛如一座小型城门，内置石碑。

其余十二座帝陵的规制与长陵相仿，朝向随宜变化，陵门前各辟一条较短的神道连接主神道，仿佛主干上分出的枝杈。诸陵中唯有明神宗朱翊钧的定陵地宫经过发掘，可知其墓室包含一个主室和两个配室，有点像正殿和东西配殿，前设甬道和三道门，以石砌拱券结构支撑，跨度达到9.1米。

北京昌平长陵棱恩殿（贾玥摄）

清代皇陵

清军入关之前，先在兴京（今辽宁新宾）为太祖努尔哈赤的四代祖先建永陵，又在盛京（今辽宁沈阳）东北建太祖的福陵，在盛京北郊建太宗皇太极的昭陵，这三处陵墓合称关外三陵。

入关后，在北京东北的遵化昌瑞山设置集中的陵区，先修建顺治帝的孝陵和康熙帝的景陵。雍正帝继位后，在易县永宁山下开辟了另一个陵区，营造自己身后安葬的泰陵。此后遵化陵区称"东陵"，易县陵区称"西陵"，分别以孝陵和泰陵为核心，乾隆帝的裕陵、咸丰帝的定陵、同治帝的惠陵建于东陵，嘉庆帝的昌陵、道光帝的慕陵、光绪帝的崇陵位于西陵，此外，两个陵区还包含若干后妃、皇子、公主的陵墓，按照等级来建造相应的建筑和墓室。

河北遵化定陵神道远看陵宫建筑群（丁垚摄）

清代帝陵大体继承了明代帝陵的制度，局部有所变通，建筑数量更多，程式化的感觉更强烈。以西陵为例，泰陵居中而立，其余诸陵分列左右。主神道南端跨河设有五孔石桥、石牌坊、大红门、大碑楼，每座帝陵又分设相对独立的神道，由南至北依次建造龙凤门、三孔桥、碑亭、朝房、隆恩门、东西配殿、隆恩殿、寝门、石牌坊、方城明楼、宝顶，地势逐渐抬高，远远望去，在屏风一般的山峰背景下，黄色琉璃瓦屋顶层层累叠，富有节奏感。泰陵和昌陵神道两侧布置了清代服饰的文武官员石像和大象等动物雕像，风格与前朝颇有差异。

　　隆恩殿是陵寝的正殿，用于祭祀典礼，规制统一，大多为面阔五间，重檐歇山顶。方城明楼是三间城门楼样式，也采用重檐歇山顶。宝顶采用圆形平面，周围通常砌筑一圈罗圈墙。

　　顺治十八年（1661年），顺治帝突然在紫禁城养心殿驾崩，清廷匆忙开始营造孝陵，一时材料不足，便将西苑中建于明代的清馥殿、锦芳亭等建筑的木石砖瓦连同门窗、藻井全部拆下，用于修建孝陵的隆恩殿、配殿和碑亭，很多构件上还写着原来的殿名标识。乾隆帝裕陵和嘉庆帝昌陵隆恩殿东次间，均仿紫禁城寝殿设有仙楼，比较别致。道光帝一生提倡节俭，慕陵隆恩殿及配殿虽不涂油漆彩画，却采用更为昂贵的楠木为材料，造价比其他帝陵更高，只是未建方城明楼，宝顶置于一个宽阔的庭院中，前设石牌坊。慈禧太后本是咸丰帝的妃子，并非皇后，因为同治帝生母的身份成为太后，生前为自己预先营造定东陵，地位相当于咸丰帝定陵的

河北遵化孝陵大红门与大碑楼（丁垚摄）

河北易县西陵神道石像生

河北易县西陵龙凤门与碑亭

河北易县昌陵隆恩殿

河北易县泰陵方城明楼

河北易县慕陵宝顶

附属陵墓，做工极其考究，装饰豪华，大殿木构架全部采用名贵的黄花梨木料，彩画沥粉涂金，石雕细致入微，成为清代帝后陵寝中最独特的一座。

1928年，东陵中的裕陵和定东陵被军阀孙殿英盗掘，破坏严重。打开后发现裕陵的地宫以汉白玉砌筑，设有四道石门，雕饰比明代定陵要细致得多，内置石台宝床，上面放着乾隆帝的棺椁，下面有一口直径仅十几厘米的"金眼吉井"，里面埋藏着许多珍宝。

【三角攒尖】

第七章

神佛世界

——中国古代宗教建筑

天上人间

中国自上古时代起就敬奉上天、崇拜祖先、注重祭礼，相关思想经儒家归纳整理，形成完整的礼制制度，西汉之后，儒学逐渐成为社会主流意识形态，在宇宙认知、教导民众和祭祀活动等方面具有类似宗教的特征，因此有时候被称作"儒教"，但仍与纯粹意义上的宗教不同。中国历史上也流行过多种真正的宗教，往往认为在现实世界之外存在仙境、净土、天堂之类超脱凡尘的彼岸世界，由神仙、佛祖、真主、上帝来主宰，又热衷于在各地建造专门的宗教场所以供信徒祭拜、修行。这些宗教场所形制特殊，成为与坛庙并列的另一大建筑类型。

古代各族先民信仰的各种原始宗教有浓厚的巫术色彩，建筑比较简单，尚未定型。近两千年来影响最大的宗教是佛教和道教，其次是伊斯兰教、基督教，祆教、摩尼教，各大教门分别修建寺院、道观、清真寺、教堂等，其空间形态与宗教仪式高度呼应，建筑造型、装饰细节与雕塑壁画充分展现宗教文化内涵，如天上的灵光普照人间，具有巨大的象征意义和精神感召力量。

佛国寺院

传承有序

公元前6世纪，释迦牟尼在旧称"天竺"的古印度地区的迦毗罗卫国（今尼泊尔境内）创立佛教，主张众生平等、诸法无常、轮回报应，在南亚和中亚地区广泛传播。汉朝时经西域传来中原，东汉明帝时期在首都洛阳所设的白马寺是中国第一座官方佛寺，格局仿天竺制，庭院以佛塔为中心，四面围合。

早期佛寺又叫"浮屠祠"，"浮屠"二字来自梵语"佛陀"一词的译音。东汉光武帝之子楚王刘英喜好佛教，在封地徐州建浮屠祠，汉桓帝也曾经在宫中建浮屠祠，与祀奉黄帝、老子的黄老祠并列。初平四年（公元193年），地方豪强笮融在下邳（今江苏邳州）修造浮屠祠，供奉大型佛像，佛像身披锦彩，祠内可容三千多人在此课读佛经。

东晋十六国和南北朝时期佛教得到大力弘扬，从上层统治者到普通民众纷纷皈依。皇帝和权贵屡次舍宫建寺、舍宅建寺，以前殿、前厅为佛殿，以后殿、后堂为讲堂，促进佛寺规制与中国传统庭院格局趋同，塔逐渐不再居于中心地位，大殿成为最重要的建筑。之后历经隋唐五代、宋辽金元，直至明清时期，佛教一直保持兴盛，全国各地建造了无数的寺院、石窟和佛塔。

佛教在中国发展过程中分为汉传佛教、藏传佛教和南传佛教三大支系，各自又出现不同的宗派，如汉传佛教就包含禅宗、密宗、律宗、净土宗、华严宗、唯识宗等，依据的佛

唐代晚期敦煌壁画中的佛寺景象（引自《敦煌壁画全集》）

经、阐发的义理和修习的方式各有差别，所建佛寺规制也各有传承，如重视静修的禅宗多建禅堂，提倡念佛的净土宗多建讲堂，严守戒律的律宗常建戒坛。现存历代古建筑中有很大一部分都属于佛教建筑范畴，特别是明清之前的木构建筑，90%以上的重要实例都是佛寺殿堂。

大唐佛光

成立于1930年的中国营造学社是近代第一个专门研究华夏古建筑的学术机构，朱启钤先生任社长，成员包括著名学者梁思成、刘敦桢、林徽因等。梁思成先生在一幅翻印的敦煌壁画中看到"大佛光之寺"的形象，大受启发，与学社同仁一起经过艰苦跋涉，于1937年7月在山西五台找到佛光寺，发现其东大殿是唐代原构，取得学术史上的重大突破。

中国有句古话，"天下名山僧占多"，意思是佛教寺院不但遍布城镇、乡村，还纷纷占据风景优美的山岳胜地，其中最负盛名的是五台、峨眉、普陀、九华四大名山，分别为文殊、普贤、观音、地藏四位菩萨的道场，历代持续经营，在山上山下修建了大量的佛寺，堪称佛教圣地。

佛光寺位于五台山南台的西麓，始建于北魏孝文帝时期（471—499年），唐武宗会昌五年（845年）朝廷发起灭佛运动，寺院建筑全部被毁。唐宣宗大中十一年（857年），长安的一位贵族女信徒宁公遇捐资，在高僧愿诚主持下重建殿堂，后来又历经变迁，保留了不同时期的古建筑。所在地段东、南、北三面有山丘环抱，寺院坐东朝西，分为三级台地，渐次升高。山门、配殿大多为明清建筑，主院北侧的文殊殿建于金代，面阔七间，悬山屋顶，殿内供奉骑青狮的文殊菩萨和胁侍菩萨塑像。

佛光寺大殿位于东侧最高一级台地上，背倚山崖，建筑木构、门窗、彩塑和壁画均为唐代遗物。此殿面阔七间，进深四间，庑殿顶，平面柱网分成内外两圈，这种模式叫作"金箱斗底槽"。殿内后半部建有巨大的佛坛，上供三尊主佛和胁侍菩萨，两侧又竖立菩萨、力士塑像共有二十余尊。立面每间轮廓接近正方形，柱顶放置巨大的斗栱。屋顶占据整个立面近一半的比例，屋檐悬挑的尺寸达到4米，坡度和缓，屋脊形成明显的曲线，整体造型干净利落，雄健有力。

五台佛光寺大殿（王南摄）

唐代的净土宗寺院往往以水池为中心，周围修造华丽的楼阁，再现佛经中描绘的西方极乐世界和东方净琉璃世界的美好景象，其盛况可见于敦煌壁画。后世不同宗派的佛寺规制趋于统一，基本看不到这种格局了，只有极少数寺院尚存遗风，如云南昆明的圆通寺经过明清时期的重建，大雄宝殿的前面保留一个方形的大水池，四面殿阁环绕，池中央设立一座重檐八角亭，与唐代净土寺院有几分相似。

山西平顺龙耳山中有一座小型佛寺，始建于五代后晋时期，初名仙岩寺，后改大云院，只有两进庭院，山门、三佛殿、东西配殿为清代、民国时期所建，前院的大佛殿是后晋天福五年（940年）的遗物，面阔三间，歇山顶，构造简洁，犹存唐风，殿内的壁画也是五代时期所绘。

昆明圆通寺水心亭与大雄宝殿

平顺大云院大佛殿

宋辽古刹

河南登封少林寺位于嵩山少室山五乳峰下，西域高僧跋陀始建于北魏太和十九年（495年），已有一千五百多年历史，是名满天下的禅宗祖庭和武术发源地，历代屡遭劫难，现存寺院建筑均为清末、民国之后重建。在主院西北的一个小土丘上有一座独立的初祖庵，是纪念禅宗达摩祖师的场所，现存院落分前后两进，前院设山门，门内为北宋宣和七年（1125年）所建的大殿，面阔、进深各三间，单檐歇山屋顶，上覆灰瓦，殿身共有十二根石柱，分别雕刻乐伎、童子、飞鸟、宝相花、牡丹花等图案；梁架为木结构，彻上明造，斗栱硕大，不设天花板。殿北对称设置二亭，西为明代所建的立雪亭，东为清代所建的圣公圣母亭，又名达摩尊亲亭。

登封少林寺初祖庵大殿

河北正定是一座历史悠久的古城，城内坐落着多座寺院，其中以位于东门里街的隆兴寺最为显赫。此寺始建于隋代开皇六年（586年），初名龙藏寺，五代时期遭遇契丹入侵和后周世宗灭佛，毁失殆尽，北宋予以全面重建，至今仍保持当时的总体格局。南侧的山门兼作天王殿，前面设有照壁和石桥，门内的大觉六师殿仅存台基，再北的摩尼殿建于北宋皇祐四年（1052年），面阔七间，重檐歇山顶，覆盖绿色琉璃瓦，殿身四面各伸出一间龟头屋，殿内竖立佛祖与阿难、迦叶二尊者的塑像，北壁有宋代工匠制作的五彩泥塑山，共雕佛像三十多尊，中间的观音像高3.4米，左足踏莲，右腿踞起，双手抱膝，身体微微前倾，面容秀丽，表情恬淡，被誉为"东方美神"。摩尼殿北面是清代所建的戒坛，再北的院落东侧的慈氏阁和西侧的转轮藏殿都是北宋建筑，均为二层楼阁，歇山屋顶。慈氏阁内供奉一尊约7米高的弥勒佛像。转轮藏殿内设有一个贮藏佛经的书橱，形似八角亭，中央位置安装木轴，可以转动，这是现存最早的转轮藏，四川平武报恩寺、北京智化寺和颐和园内的大报恩延寿寺都有明清时期所建的类似设施。最北的大悲阁是现代按照宋辽样式重建的仿古建筑，阁内矗立的铜铸观音菩萨像铸造于北宋开宝四年（971年），高19.2米，下筑2.2米高的须弥石台，周身共有四十二条手臂，分持日月、净瓶、宝塔、金刚、宝剑等。

　　辽宁义县奉国寺始建于辽代开泰九年（1020年），初名咸熙寺，现存大雄宝殿仍是原构，面阔九间，庑殿顶，殿内供奉辽代所塑的七尊大佛像，每佛两侧又各立一尊胁侍菩萨，宝相庄严，表情有微妙差异。

河北正定隆兴寺摩尼殿（王南摄）

河北正定隆兴寺摩尼殿泥塑观音像（李路珂摄）

河北正定隆兴寺转轮藏
（丁垚摄）

辽宁义县奉国寺（丁垚摄）

山西大同是辽代五京之一的西京，具有陪都的地位，城内敕建华严寺，分为上下两寺。此后历经战乱，多次被毁，现存下华严寺的薄伽教藏殿建于辽兴宗重熙七年（1038年），面阔五间。殿内用于收藏佛经的经橱做成天宫楼阁式样，相当于缩小尺寸的木构建筑，造型精美，细节逼真，再现了西天佛国的胜景。

天津蓟州区独乐寺的历史最早可以上溯至唐代，现存山门和观音阁均为辽代所建。山门面阔三间，庑殿顶，造型古朴，大门两侧各立一尊辽代所塑的金刚力士像。独乐寺主体建筑观音阁面阔五间，外观二层，中间环绕一圈腰檐和平座栏杆，歇山屋顶。阁内四周安排二十八根立柱，架设梁枋，构成三层空间，地面须弥座上矗立一尊高16米的观音

山西大同华严寺薄伽教藏殿天宫楼阁经橱（丁垚摄）

天津蓟州区独乐寺观音阁内景（丁垚摄）　　天津蓟州区独乐寺观音阁外观

菩萨像，顶部覆盖藻井，信徒可从不同角度、不同高度瞻仰菩萨的慈容。这座楼阁的本质相当于专门陈列观音像的巨大容器，比例和谐，造型完美，被誉为中国古建筑中的"上上品"。除此之外，独乐寺中还有明清时期所建的韦陀亭和报恩院等建筑。

　　浙江宁波保国寺位于城外灵山，东汉初年中书郎张齐芳舍宅建寺，原名灵山寺，历代屡次重建、修缮。大雄宝殿位于寺院核心部位，建于北宋大中祥符六年（1013年），原本是一座面阔、进深各三间的单檐歇山建筑，清康熙二十三年（1684年）在周围增加一圈回廊，变成面阔、进深各五间的重檐歇山建筑。南宋时期在大殿之前辟有净土池，北侧池壁上镌有"一碧涵空"四字。

浙江宁波保国寺大殿

十方丛林

山西洪洞广胜寺位于霍山南麓，分为上寺和下寺两个区域。下寺建筑大多建于元代，前设山门，面阔三间，单檐歇山顶，前后各加一个披檐（附加在主体建筑之上的单坡屋檐），看上去又像重檐歇山；前殿面阔五间，悬山顶，殿内仅设两根柱子，上为"人"字形梁架，设计巧妙；后殿面阔七间，也采用悬山顶，殿内供奉三世佛和文殊、普贤二菩萨的塑像。下寺附设一座水神庙，用于祭祀霍泉之神，其正殿明应王殿内有近200平方米的元代壁画，表现戏曲舞台和民俗活动场景，充满鲜活的生活气息。上寺建筑大多建于明代，山门内有一座琉璃宝塔，塔后为弥陀殿，面阔五间（内部为三间），歇山顶；再北为释迦殿，面阔五间，悬山顶；最后为

山西洪洞广胜下寺山门

毗卢殿，面阔五间，庑殿顶，殿内采用减柱技术，变为三间，木格扇装修极为精美。

福建泉州又名刺桐，元代成为亚洲最繁华的商业港口城市，城中有一座开元寺，始建于唐代，历代屡有修缮，其大雄宝殿经过明代重建，殿前月台须弥座嵌有七十二幅狮身人面的辉绿岩浮雕，后廊檐间两根截面为十六边形的石柱上雕刻了二十四幅古印度教大神克里希那的故事和花草图案，可能是元代遗物。大殿内用近一百根海棠式巨型石柱来支撑，供奉五方佛像，柱上的斗栱则雕成二十四尊形态各异的飞天伎乐形象，尤为灵动可爱。殿后有一座戒坛，内设石坛，方形加八角形重檐，下面围一圈回廊，造型相当复杂。

明清佛寺最常见的模式是依次设立山门、天王殿、钟鼓楼、大雄宝殿、藏经楼，在此基础上再作增减，如山门可与

福建泉州开元寺大雄宝殿

天王殿合并，或在大殿两侧增加祖师殿、伽蓝殿等。北京智化寺由明代大太监王振于正统八年（1443年）捐献自己的住宅建造而成，山门墙上开了一个拱券门洞，门内东西两侧分设钟楼和鼓楼，一悬钟，一悬鼓，早晚分别敲击，正所谓"晨钟暮鼓"。之北的天王殿又称智化门，殿内正中原有弥勒像，背面是护法韦陀像，两侧为四大天王，后来被毁。再北的智化殿相当于大雄宝殿，面阔三间，歇山顶，原殿内供奉三世佛和十八罗汉像，院落两侧分居大智殿和藏殿。其后有一座二层五开间的楼阁，重檐庑殿顶，底层悬"如来殿"匾，殿内供佛祖塑像；楼上悬"万佛阁"匾，内壁布满佛龛，陈设九千多尊小佛像。中轴线北端还有两进院子，以大悲堂和万法堂为正殿，面阔均为三间，分别采用歇山顶和硬山顶。东西两侧有跨院，设置方丈、僧房和其他辅助建筑。这座寺院属于中上等规模，单体建筑体量不大，但布局严谨，用料和施工质量很高，屋顶均铺设黑色琉璃瓦，智化殿和万佛阁内的藻井被认为是明代木雕的极品，可惜于民国时期被倒卖，现分藏于美国费城美术馆和纳尔逊美术馆。

浙江杭州灵隐寺始建于东晋时期，南朝、五代都曾经大加营建，南宋时期被朝廷定为地位最高的"五山"佛寺之一，清初顺治年间的建设奠定了宏伟的格局，现存殿堂大多重建于清代后期和民国时期。此寺位于西湖西侧的北高峰下，面对飞来峰，周围风景秀丽。中轴线上坐落着天王殿、大雄宝殿、药师殿、直指堂、华严殿五座殿宇，直指堂的二楼设为藏经楼。寺院西侧原有明代所建的"卍"字形平面的罗汉堂，毁于抗日战争时期，1999年重建。

北京智化寺如来殿

浙江杭州灵隐寺藏经楼

江苏苏州戒幢（chuáng）律寺属于律宗道场，位于城西阊门外，始建于元代，原名归元寺，历经重修，现存建筑主要重建于清末光绪年间。山门外设有照壁、石桥、牌坊，门内设有钟鼓楼、天王殿、大雄宝殿，西侧的罗汉堂仍保持明代构架，平面为"田"字形，内部共分为四十八间，泥塑四大名山和五百罗汉像，技艺高超，各具神态。罗汉堂之西另有一个独立的园林，内辟大水池，岸边堆叠假山，池上点缀亭榭。

　　重庆梁平西南郊的双桂堂由明末清初高僧破山禅师始建于顺治十年（1653年），承袭禅宗支派临济宗法统，门下弟子众多，各赴川、云、贵各省以及东南亚地区弘法，支分派衍，中兴佛教，因此双桂堂也被奉为"西南禅宗祖庭"。寺院中种了金银两株桂树，故以"双桂堂"为名，又因周围竹

江苏苏州戒幢律寺大雄宝殿

重庆梁平双桂堂大雄宝殿

山西浑源恒山悬空寺（李立霞摄）

林茂密而别称"万竹山"。此寺虽为禅宗丛林，却与世俗颇多来往，历代方丈高僧亦有文人气质，破山禅师本人精通诗文书画，曾作过一首《示悦心禅者》："山重重处水重重，就里浑无一窍通。惟有天涯云路别，时时缥缈带长虹。"很有空灵的禅意。全寺规模宏阔，中轴线上坐落着山门、弥勒殿、大雄宝殿、戒堂、破山祖师塔、大悲殿、藏经楼等七重建筑。大殿面阔五间，采用三重檐歇山形式，气魄尤大。

北岳恒山翠屏峰绝壁之上有一座悬空寺，是中国建筑史上的一大奇迹。此寺始建于北魏时期，现存建筑主要是明清时期所造，几十间殿堂楼阁沿着山崖参差排列，其中包括释迦殿、关帝庙、纯阳宫等，同时供奉佛祖、菩萨、关公和道教神仙。建筑底部以粗大的木柱和插入岩石的挑梁支撑，凌空飞架，参差有致，如高踞云端的天宫琳宇，看上去岌岌可危，却又稳如磐石，令人感觉不可思议。

石窟造像

古印度素有开凿石窟的传统，传入中国后演变成一种非常特殊的佛寺类型——石窟寺，留存至今的遗迹达五十六处之多。从公元三世纪开始，位处丝绸之路北道沿线与河西走廊的龟兹（今新疆库车及周边地区）、敦煌、凉州（今甘肃武威）、玉门、麦积山纷纷兴造石窟，中原地区则以大同云冈石窟、洛阳龙门石窟、巩义大力山石窟、太原天龙山石窟为代表，西南地区的巴山蜀水之间也出现若干石窟。

中国绝大多数建筑的营造方式都是将木石砖瓦这些材料制成的构件拼合在一起，相当于做加法。石窟寺的营造方式

敦煌莫高窟第254窟（引自《敦煌石窟全集·石窟建筑卷》）

完全不同，有点像刻图章，在山岩上开凿出内部空间，相当
于做减法，工程难度更高。

　　始凿于北魏时期的云冈石窟包含大佛窟、佛殿窟和塔庙
窟三种类型。其中最早的昙曜五窟中均雕琢了巨型佛像，象
征北魏王朝开国五帝，衣饰带有明显的犍陀罗（今巴基斯坦
东北部、阿富汗东部）风格，上身披着轻薄的天衣，从左肩
悬垂而下，衣褶流动。之后开凿的佛殿窟模仿木结构寺院大
殿，塔庙窟则在室内设置形如宝塔的巨柱，其丰富的细节既
带有希腊、印度的原型特征，又融入更多的中国本土艺术手
法，反映了石窟这种外来的建筑形式逐渐汉化的过程，其中

山西大同云冈石窟（李立霞摄）

的佛像也转为宽衣博带的东亚人形象。

隋唐时期在石窟中修造大佛的风气更盛，以洛阳龙门和麦积山为杰出代表。各大石窟中的佛祖、菩萨和飞天的形象越来越生动，与内部空间融为一体。其中龙门西山南部的奉先寺之北有一座大佛龛，依山开凿，龛内中央端坐一尊17.14米高的卢舍那大佛像，面带神秘微笑，两侧各立一尊弟子、胁侍菩萨、天王、力士雕像，栩栩如生，技艺极为精湛。敦煌石窟长期保持兴盛，除了石雕之外，主要以泥塑和壁画的方式来表现佛教主题，并在洞口搭建木质窟檐。

河南洛阳龙门奉先寺大佛龛(黄晓摄)

西藏拉萨布达拉宫

藏传佛寺

藏传佛教俗称喇嘛教，主要在西藏、青海、四川、甘肃、云南、内蒙古地区传播。尤其在藏族聚居处，遍布大大小小的佛寺，宗教仪轨和建筑形式具有鲜明的特色，与汉传佛教迥异。

布达拉宫原是历世达赖喇嘛居住的建筑群，兼具宫殿和寺院双重属性，位于拉萨西北的玛布日山上，始建于七世纪吐蕃王朝松赞干布统治时期，现存建筑大多为清代所建，依山就势，挺拔而起。山下的雪城安排法院、印经院、作坊、监狱、马厩等辅助建筑。布达拉宫的主体分为红宫和白宫两大组群，高达200多米，外观十三层，内部空间共有九层，从下往上逐步收分，轮廓呈梯形高台样式，厚重的墙壁以砖石和夯土砌筑，表面分别涂成红色和白色，红宫顶部建有金殿和金塔，色彩对比强烈，装饰华丽，凝聚了藏族建筑艺术的精华。

拉萨城内的大昭寺和小昭寺均始建于吐蕃王朝最兴盛的时期，分别供奉唐朝文成公主和尼泊尔尺尊公主带来的佛祖等身像。大昭寺保存较好，地位崇高，周围环绕八廓街，内部殿堂连成一体，并穿插回廊庭院。经堂为正方形平面，空间庄伟，平台屋顶之上构筑金殿，屋面覆盖鎏金铜板，檐下安装斗栱，流光溢彩，绚丽夺目。

藏传佛教也分为不同的宗派，其中格鲁派又称"黄教"，占据主导地位，以拉萨郊外的甘丹寺、哲蚌寺、色拉寺和日喀则的扎什伦布寺、青海西宁的塔尔寺、甘肃夏河的拉卜楞

西藏拉萨大昭寺金顶

西藏日喀则扎什伦布寺

西藏日喀则夏鲁寺经堂

寺为六大寺，经过历代建设，格局均十分辽阔。日喀则的夏鲁寺重建于元惠宗在位期间，规模虽然不大，却是藏传佛教的重要寺院，其主体部分由门廊、经堂、佛殿组成，宽敞的经堂中央凸起，开设天窗，大殿前围廊环绕，营造出神秘莫测的光影效果。

　　青海乐都的瞿昙寺背依罗汉山，创建于洪武二十五年（1392年），是西北地区保存最为完整的明代建筑群，以汉式风格为主，融合藏式风格。全寺包含前、中、后三进院落。第一进院前设山门，入门为左右碑楼，北为金刚殿，面阔三间，悬山顶，内塑四大金刚像。第二进院设瞿昙殿，面阔三间，重檐歇山顶，出三间抱厦，东西两侧对称建立钟鼓楼、护法殿与三世殿及四座白塔；其后为宝光殿，面阔五间，重檐歇山顶。第三进院北面的隆国殿，又名"大持金刚

青海乐都瞿昙寺金刚殿

殿"，面阔七间，重檐庑殿顶，两侧再次设置钟鼓楼，以回廊连接。

蒙古族同胞普遍信仰藏传佛教，在草原上也建造了很多寺院，借鉴藏族和汉族的建筑形式，又融入本民族和本地域的一些元素。例如内蒙古通辽地区的兴源寺、象教寺、福缘寺，合称"库伦三大寺"，均采用类似汉地佛寺的多进庭院式布局和木构殿堂造型，内设大经堂、佛殿、嘛呢殿等建筑，室内陈设、构件和装饰兼采藏式技法和蒙式纹样，还悬挂刻有蒙文的对联。

此外，元朝和清朝统治者都很尊奉藏传佛教，在汉地也建造了一些藏式风格的佛寺，例如北京城内的东黄寺、西黄寺和由雍王府改建而成的雍和宫，五台山的菩萨顶、罗睺寺、广仁寺等。清代在热河（今河北承德）避暑山庄外围修

通辽兴源寺大殿

河北承德普宁寺

建了外八庙，包括普陀宗乘庙、须弥福寿庙、普宁寺等，分别以西藏布达拉宫、扎什伦布寺、桑耶寺等原型，是民族文化交流与融合的重要见证。

南传佛寺

南传佛教又称"小乘佛教"或"上座部佛教"，主要流传于中国的云南南部和东南亚的缅甸、泰国、柬埔寨、老挝等国。西双版纳地区现有几百座南传佛寺，其中大型寺院通常由寺门、前廊、佛殿、经堂、佛塔、戒亭、僧舍和藏经阁组成，布局灵活，并无统一的规制，殿堂大多采用多重屋顶，雕饰夸张，色彩鲜艳，充满热带风情。

云南潞西的风平大佛殿重建于清雍正三年（1725年），坐东朝西，山门两侧设八字墙，院内正中位置设立大佛殿，殿前北侧为六角形的楼阁，南侧为金宝塔，西南位置建有偏殿和另一座宝塔，北侧设僧房，格局不完全对称，疏密有致。西双版纳勐（mēng）海的曼短佛寺始建于十世纪，现存建筑为清代重建，庭院坐西朝东，包含门亭、佛殿、戒堂、佛塔、僧舍等房屋，其中佛殿屋顶呈重檐五叠造型，以木雕龙形斜撑支托在立柱之上，屋脊上装饰着卷草、火焰图案，活泼灵动。

西双版纳勐海曼短佛寺佛殿（张剑文摄）

道教宫观

道教是起源于中国本土的宗教，东汉、魏晋时期吸收了先秦道家思想与传统的神仙信仰、方术，逐渐确立基本教义、祭祀礼仪和修行方式，信奉以三清四御为首的众多神灵，并营造相应的道教建筑来举行祀神、传教、修道等活动。

早期道教建筑曾称作祠、庙、庐、馆，唐代以后多称道观。因为唐代皇帝姓李，尊太上老君李耳为始祖，特赐大型道观以"宫"为名。历代统治者大多提倡道教，经常敕封神仙，出资修建宫观，清静庄严，足以与佛教寺院分庭抗礼。

道教认为世俗之外有仙境，是神仙的居所，并将全国范围内的名山列为十大洞天、三十六小洞天、七十二福地，在其地建宫立观，留下了很多人文景观和传说故事。其中江西贵溪的龙虎山因为东汉末年天师张道陵曾经在此炼丹，创立道教门派之一的正一派，其后代自三国、西晋时期便世居于此，得到历代朝廷的多次加封，弟子遍及天下。山下建造了一座道观，唐代名为真仙观，宋真宗赐名"上清观"，宋徽宗又下旨升为"上清宫"，元代称"大上清正一万寿宫"，元末被毁，明洪武二十三年（1390 年）重建，清雍正年间曾经大加扩建，一直是正一派的祖庭，后毁于 20 世纪 60 年代。遗址于 2018 年被发掘，从台基判断，主院设有龙虎门、玉皇殿、后土殿、三清阁，东跨院设有御碑亭、三官殿、五岳殿、天皇殿、文昌殿等建筑，规模庞大，出土的砖瓦、脊饰做工精细。

山西芮城广仁王庙正殿是现存最早的一座道教建筑，面阔五间，歇山顶，檐下安装简单的斗栱。此庙供奉五龙泉水神，墙上嵌着唐元和三年（808 年）刻立的《广仁王龙泉庙记》碑。殿南正对一座清代所建的戏台，每逢重要节日，在此唱戏献神——中国古代的庙宇、祠观经常建造戏台，几乎都面朝奉祀主神的正殿，因为神灵才是最重要的观众。

江西贵溪大上清宫遗址（引自《鹰潭日报》）

山西芮城广仁王庙正殿

江苏苏州玄妙观始创于西晋咸宁二年（276年），原名"真庆道院"，又改名"开元宫""天庆观"，元代更名"玄妙观"。后世多次重建改修，现存三路建筑，中路设山门、三清殿，东路设文昌殿、斗姆阁、寿星殿，西路设雷尊殿、财神殿。其中正殿三清殿面阔九间，重檐歇山顶，还保留着南宋淳熙六年（1179年）的主体构架。观前的街道店铺林立，成为城内最繁华的商业区。

金代大定年间，王重阳创立道教全真派，以"三教圆融，识心见性，独全其真"为宗旨，后来在北方广为传播，信众极多。王重阳去世后，弟子们在其故居旧址上建造了重阳宫（在今陕西省西安市鄠邑区境内），历代屡加修葺，号称祖庭。现存老君殿、灵宫殿、祖师殿及部分台基为古代遗物，其余为现代重建。

江苏苏州玄妙观三清殿

山西芮城的永乐宫始建于元代，是全真派另一座重要的道观，原址在永乐镇，20世纪50年代因为水利工程而整体搬迁至龙泉村。中轴线南端的宫门为清代建筑，面阔五间，悬山屋顶，其余四座建筑均为元代建筑中的精品，屋顶采用黄绿二色琉璃瓦，梁架规整，立面比例和谐。无极门又名"龙虎殿"，面阔五间，庑殿顶，殿内墙上绘有青龙、白虎二神；正殿三清殿又名"无极殿"，面阔七间，庑殿顶，供奉道教最高神祇三清，即玉清元始天尊、上清灵宝天尊、太清道德天尊，内墙壁画《朝元图》描绘诸神朝见元始天尊的宏大场面，是中国美术史上的罕见杰作。再北的纯阳殿、重阳殿均为面阔五间的歇山殿堂，分别供奉道教祖师吕洞宾以及王重阳和弟子"七真人"。

四川峨眉城外飞来岗上有一座祀奉东岳大帝的道观，正殿飞来殿重修于元大德二年（1298年），是一座面阔五间的建筑，前廊故意减去两根檐柱，变成三开间的样式，显得更开阔一些，中间二柱各盘一条泥塑蛟龙，张牙舞爪，昂扬欲飞，上立仙女，斗栱的两层昂头又分别雕成象鼻和龙头形状，似为护法神兽。

湖北十堰境内的武当山又名"太和山"，传说为真武大帝的修炼之地，唐代以来有多位著名道士在此隐居，建造祠观。明成祖朱棣认为自己在"靖康之变"中曾得到真武大帝显灵相助，登基后加封其为"北极镇天真武玄天上帝"，并奉武当山为"太岳"，地位高于五岳，永乐十年至二十一年（1412—1423年）派遣军民、工匠三十余万人，按照皇家建筑的规制在山上建造了宫、观、庵堂、岩庙等不同等级的道

山西芮城永乐宫无极殿

四川峨眉飞来殿

湖北十堰武当山金顶（张剑葳摄）

教建筑群，沿着两条溪流形成东西神道。这些宫观中原本以玉虚宫规模最大，可惜毁于火灾。紫霄宫前临"之"字形小溪，以长长的磴道（石砌踏步）串联龙虎殿、左右碑亭、十方堂、紫霄殿、父母殿等建筑，两侧设有东西二宫。天柱峰顶砌筑一圈石城，称"紫禁城"，最高处称为"金顶"，上有一个格局紧凑的院落，中央矗立着明永乐十四年（1416年）所建的金殿，面阔三间，重檐庑殿顶，以铜铸鎏金的工艺铸造而成，为古代金属建筑典范，从整体到细部都忠实模仿木构建筑，殿后设父母殿，象征真武大帝起居之所。太和宫位于武当主峰天柱峰山腰南天门外，最盛时有殿堂道舍建筑五百一十间，现仅存正殿、朝拜殿、钟鼓楼、转运殿等。正殿内供奉真武大帝铜铸像及四大元帅、水火二将、金童玉女等塑像。转运殿是元大德十一年（1307年）铸造的另一座铜殿，体量不大，原置于金顶之上，后移至小莲峰。

广西容县有一座经略台，始建于唐代，明代在台上建玄武宫，以真武阁为中心建筑，原因是真武大帝来自北方，五行属水，在此可镇压火灾。此阁面阔、进深均为三间，三重檐歇山顶，内部采用穿斗式构架，奇特之处在于二层的四根内柱虽然上承沉重的梁枋、楼板，却四脚悬空，离地3厘米，曾经被认为是巧妙地利用杠杆原理进行营造的成果。后来专家考证，实际情况是木材干缩导致结构变形，并非有意而为。

北京西便门外的白云观前身为元代天长观的下院，明代重建，又经过清代扩建，成为道教全真派第一丛林。全观分为三路，中路山门外建照壁、牌楼、华表，门内依次建灵官殿、玉皇殿、老律堂、丘祖殿、三清阁、云集山房，东路设

北京白云观灵官殿

浙江宁波天后宫旧照（英国约翰·汤姆逊摄，引自《晚清碎影》）

斋堂、南极殿、云华仙馆，西路设元君殿、八仙殿、吕祖殿、文昌殿、元辰殿，各路神仙在此聚齐。云集山房北面的小院和东西两侧院中都堆叠山石，刻"小有洞天""岳云耸秀"字样，仿佛是洞天福地、名山胜景的缩影。

　　除了严格意义上的道观之外，民间还有许多祭祀各路神灵的庙宇，如各地府州县都曾建造的城隍庙，遍布福建、台湾、浙江、广东地区的天后宫（妈祖庙），又如北方地区常见的碧霞元君祠，还有二郎庙、土地庙、龙王庙等等，五花八门，无所不包，分管天上人间不同的事务。这些神灵后来大多被道教吸收，有些还得到朝廷的封祭，所建庙宇往往也算是广义的道教建筑。

礼拜空间

七世纪初，先知穆罕默德在阿拉伯半岛创立伊斯兰教，信奉安拉，并传播到世界各地。在唐朝，伊斯兰教经海陆两路传到中国，沿途建造了许多清真寺，又称"礼拜寺"。

新疆天山南北的居民原本以佛教信仰为主，自唐末以后兴起伊斯兰教，逐渐取代了佛教的地位，又进一步向东传入内地。西北地区的清真寺受到西亚、南亚、中亚的直接影响，以砖石和夯土砌筑而成，前设高大的门楼，门洞为尖形拱券样式；两侧建圆形平面的邦克楼，又名光塔，高高耸立，用来召唤信徒；寺内建大面积的礼拜殿，以平屋顶为主，有时在核心位置构筑穹顶。建筑细部有很多精美的装饰，描画几何、植物图案或阿拉伯文经文。

福建泉州作为海上丝绸之路的重要节点，曾经是阿拉伯人和波斯人的聚居地。北宋大中祥符二年（1009年）在城内创建的清净寺是最早的一座清真寺，带有强烈的西亚风格，大门拱券外廓呈火焰形，内含三重拱顶，后墙上刻着两行阿拉伯文。寺中的礼拜殿采用石砌立柱与围墙，体量颇大，现仅存遗址。

浙江杭州真教寺又名凤凰

新疆库车大清真寺

寺，始建于唐代，元代重建，后窑殿由西域大师阿老丁设计建造，不设木构梁柱，在厚墙围绕的三个方形大厅上空以特殊的层叠手法砌筑圆形穹顶，外观表现为中国本土风格的攒尖屋顶，更有兼容并蓄的趋势。

明清时期中原地区的清真寺大多采用中国传统的庭院格局和殿阁亭台形式，安设伊斯兰教义规定的寺门、宣礼楼、礼拜殿、教长室、经文教室等建筑。例如陕西西安化觉巷的清真大寺始建于唐天宝元年（742年），现存建筑为明洪武二十五年（1392年）所建，坐西朝东，包含四进规整的院落，前面设置照壁和大门、二门，三进院中心位置的省心楼又名宣礼楼、唤醒楼，相当于邦克塔的变体，八角形平面，三重檐攒尖顶。最后一进院中的礼拜殿为"凸"字形平面，前廊、大厅和后殿三部分前后相连，以三卷勾连搭的手法搭建而成，天花板和斗栱彩画为汉地样式，又饰以色彩斑斓的蔓草花纹和阿拉伯文字。

北京广安门内的牛街清真寺始建于辽代，现存建筑大多为明清时期所建，在多重院落中布置礼拜殿、望月楼、宣礼楼、讲堂、碑亭、对厅、沐浴室等建筑，均以传统木构形式营造，格局灵活，其中礼拜殿由三卷勾连搭和一个六角亭组成，前出抱厦，造型最为复杂。

中国汉传佛寺和道观中的大殿、楼阁本质上都是超大尺度的佛像和神像的居所，只保留很少的空间供信徒瞻仰、叩拜，很多法事活动只能在庭院中举行。伊斯兰教不立偶像，宽阔的礼拜殿主要供信徒做礼拜之用，西端设后窑殿或拜龛，遥对圣城麦加方向。

福建泉州清净寺大门

陕西西安化觉巷清真大寺礼拜殿（宋辉摄）

北京牛街清真寺望月楼旧影（引自《北京古建筑》）

公元一世纪，耶稣创立基督教，经过长期发展，成为欧洲人的主要信仰。基督教自唐代就传入中土，称为"景教"，曾经在长安建造景教寺，唐武宗灭佛之后景教也被禁止，今西安碑林尚存一座"大秦景教流行中国碑"。元代基督教一度复兴，称"也里可温教"，后来又逐渐衰微。明末清初欧洲传教士来华传教，在北京建造教堂。鸦片战争后，中国被迫开放门户，各地兴建了更多的教堂。这些教堂大多采用西方的罗曼、哥特、巴洛克等样式，以砖石拱券结构砌筑大厅、穿

北京天主教东堂　　　　贵阳圣若瑟堂旧影（清华大学建筑学院图书馆藏）

顶、钟楼，外观形象和内部空间都与中国本土建筑迥异。

　　从清末开始，也有一些教堂尝试融入中国风格，例如法国传教士于光绪二年（1876年）在贵州贵阳重建的圣若瑟堂，屋顶为青瓦硬山坡顶，东立面竖立一座八柱七楼的牌楼，上面雕绘山水、花鸟和人物，西立面正中建起一座六角五层宝塔，用作钟楼，内部大厅采用欧洲天主教堂经典的巴西利卡式长方形平面，西部设有圣坛，两侧墙上开设哥特式尖拱窗，堪称中西合璧的典范。

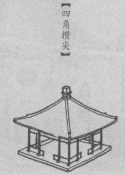

【四角攒尖】

第八章

浮屠万千

——中国古代佛塔建筑

天竺东传

佛祖释迦牟尼在古印度摩罗国跋提河边涅槃之后，遗体焚化成舍利，分送各地供奉。其弟子和信众特意修造巨大的坟冢来埋藏这些圣物，名为"窣堵波"。窣堵波形如半球，象征宇宙天穹，内部是实心的夯土，外表以砖石砌筑，造型简洁朴素，成为后世佛塔的最初原型。其中最宏伟的一座是印度桑奇窣堵波，直径约36.6米，高达16.5米，其巨大的体量几乎可以与古罗马万神庙相媲美。

公元一世纪至三世纪，犍陀罗的贵霜王朝崇信佛教，所建窣堵波设有正方形或圆形平面的多层基座，基座上还雕有佛龛，半球形的覆钵之上添加了重重相轮，整体造型趋于复杂，向高塔的方向演化。

印度桑奇窣堵波（李路珂摄）

中国人将佛塔视为佛祖的化身，称之为"浮屠"或"浮图"，民间则一般呼为"宝塔"。东汉初，洛阳白马寺首次依照天竺（今印度）的样式修建了一座正方形平面的佛塔，附带华丽的雕饰。到了东汉末年，佛塔已经与中土传统的楼阁建筑结合在一起，主体部分为高大的重楼，建造者另将半球形的覆钵和层层累叠的相轮做成塔刹放在屋顶上，从而塑造出中国独有的楼阁式佛塔。随后，又出现了密檐式塔、亭阁式塔、覆钵式塔、宝箧印经式塔、扣钟式塔、多宝式塔、花塔、傣式塔和金刚宝座塔等等，变化万端。

　　中国至今仍保存着从北魏（386—534年）至清末（1840—

河南登封少林寺塔林

1912年）所建的几千座古塔，它们大半是砖塔，还有一定数量的石塔及木塔、铁塔、陶塔等，绝大多数都是依托寺院而建，或在城市坊巷，或居山水之间，或繁或简，或高或低，如西天降落的繁星，参差耸立于中华大地之上，堪称最富特色的一种古建筑类型。

　　一些佛寺还在寺院附近开辟塔林作为高僧的墓地，将骨灰存入地宫，上面建造墓塔。例如少林寺塔林，现存唐、五代、宋、金、元、明、清各朝砖石墓塔共二百二十八座，其中最早的一座建于唐贞元七年（公元791年），最晚的一座建于清嘉庆八年（公元1803年），时间跨度超过一千年。此外，

河南汝州风穴寺、山西永济栖岩寺、河北邢台大开元寺、北京潭柘寺、山东济南神通寺与灵岩寺，都有塔林存世，分别拥有几十至一百多座墓塔。

重楼宝刹

《后汉书》记载笮融于东汉初平四年（193年）在下邳（今江苏邳州）所建的浮屠寺中有一座建筑，"上累金盘，下为重楼"，被视为已知最早的楼阁式佛塔。

北魏云冈石窟有些窟内设有巨型的塔形柱，壁画、浮雕中也经常出现塔的身影，还有一些窟内有同时代的小型石塔存世，都反映了当时楼阁式塔的形象：塔身位于高大基座之上，自下而上宽度逐层收窄、高度逐层减低，每层都设有腰檐，屋顶为攒尖形式，上承塔刹。

北魏熙平元年（516年），灵太后胡氏下旨在洛阳皇宫南面正门阊阖门外御道西侧修建永宁寺，并在寺中起造佛塔，由精通土木之术的参军张熠负责筹划，著名匠师郭兴安主持施工，神龟二年（519年）八月完工。后人依据文献和遗址推断此塔的高度约150米，是中国历史上最高的建筑。据推断，该塔位于寺院中心，采用正方形平面，底部台基约38.2米见方，四周包砌青石，台上安装石栏杆。塔的主体部分以木结构搭建而成，由外到内，以粗壮的大木排列成五圈规则的柱网，第四圈柱内用土坯垒砌成坚固的实体土台，以增强稳定性。土台的四壁雕刻佛龛，人在塔内，可以环绕瞻拜。塔

河南洛阳永宁寺塔复原示意图（王贵祥绘）

中心设有地宫，并竖立一根巨柱，从地下深处直贯顶部的塔刹。此塔的外部造型属于典型的楼阁式，共有九层，每面九间，中间三间开门，其余六间安装窗户。上部各层外围都设有一圈塔檐和平座栏杆，可以凭临观景。门上刷朱红油漆，每扇均以五行金钉和口衔金环的兽头来装饰。塔刹用四根铁链引向顶层屋檐四角，其上部是一个硕大的金宝瓶，下部是重叠的承露金盘，气势超凡。如此人间奇迹，可惜只存世十五年便被大火焚毁，据说火烧了整整三个月才熄灭，而且一年之后仍有烟气从地下冒出来。

唐代最著名的楼阁式塔是长安慈恩寺的大雁塔，初为五层，后来几次改建重修，现状为七层，通高64.7米，正方形平面，每层出檐，段落分明，往上逐渐收分，内设楼梯，以供登临远眺。唐代有一项传统，新榜进士可在此塔的内壁亲笔书写自己的诗作，号称"雁塔题名"。

曾经西行求法的高僧玄奘大师圆寂后，迁葬于长安南郊樊川的凤栖原北岗，同时修造兴教寺和墓塔以示纪念。此塔共有五层，高约21米，每层塔身都有砖砌的柱子和额枋，上带简单的斗栱和斜角牙子，再以叠涩的方式悬挑塔檐，总体上在模仿木结构的基础上做了适当的简化。

陕西西安慈恩寺大雁塔

山西应县佛宫寺释迦塔是现存唯一一座纯木构的古塔，也是世界范围内最古老、最高大的木质塔楼式建筑。此塔建于辽清宁二年（1056年），为八角形平面，高67.31米，外观五层，底层另加一圈副阶，上悬多块匾额，包括明成祖朱棣所书的"峻极神功"匾。塔内采用内外两圈柱网，类似现代高层建筑的"筒中筒"结构，稳定坚固，内槽供奉佛像，外槽辟为走廊。各层之间还设有四个暗层，其中藏着斜撑，有很好的抗震作用。此塔出檐深远飘逸，结构与造型高度统一，在技术和艺术层面都达到了极高的水平。

北京房山云居寺的北塔是一座形制独特的辽代砖塔，塔身为两层楼阁式，八角形平面，设有斗栱支撑的平座和塔檐，上面的塔刹体量巨大，几乎与塔身等高，就像是在塔顶上加建了一座覆钵式塔。

陕西西安兴教寺玄奘塔（王南摄）

北京云居寺北塔

山西应县佛宫寺释迦塔（王南摄）

五代、两宋时期，南方的楼阁式塔经常采用砖芯木檐的形式，即塔身部分以砖砌筑，外檐和平座走廊为木构，后世往往因为遭遇火灾，原有的木构部分被烧毁，较晚时期再予以重建，或者一直保持缺失外檐的光秃形象。例如，杭州六和塔、苏州报恩寺塔的木檐均为清代所建，而苏州虎丘云岩寺塔的木檐则一直没有修复，塔身上模仿木构的砖雕斗栱、门窗清晰可辨，同时因为地基不均匀沉降，塔身向一侧倾斜，该塔被称为"东方比萨斜塔"。

　　福建泉州开元寺大雄宝殿之前立有双塔，都是八角五层楼阁式石塔。东塔名镇国塔，始建于唐咸通年间，原为木塔，两次遇灾被毁，两次重建，于南宋嘉熙二年（1238年）

江苏苏州虎丘云岩寺塔

福建泉州开元寺仁寿塔

改为石塔，高48.24米。西塔名仁寿塔，始建于五代后梁贞明二年（916年），后来两次失火重建，也改为石塔，高44.06米。二塔外观均模仿木结构，形态优美，雕饰繁复。

河北涿州古城东北隅有南北二塔，均为辽代所建的八角形楼阁式砖塔。南面的智度寺塔建于太平十一年（1031年），五层，44米高，气度雄伟。北面的云居寺塔建于辽大安八年（1092年），六层，55.69米高，相对瘦高清秀一些。二塔底部均设须弥座，上部逐层设平座，梁枋、斗栱惟妙惟肖地模仿木构。塔内砌有夹层，楼梯盘旋而上，墙上依稀可见昔日壁画、题刻。智度寺塔首层的塔心室顶部做了一个六角形的藻井，绘制团龙彩画。塔上的窗户为辽宋时期常见的破子棂窗样式，其实是雕刻出来的假窗，无法开启。塔内光线是由塔壁上另凿的洞口引入，这些洞之间可以彼此对望，游人经由孔洞也可以俯瞰全城。

福州鼓山涌泉寺山门前也竖立了一对楼阁式塔，却都是以陶土分层烧制，拼合而成。二塔建于北宋元丰五年（1082年），八角九层，高约6.83米，外观呈紫铜色，精细地塑造出了瓦檐、椽子、柱枋、门窗等细节，每层檐下都悬挂陶制铃

河北涿州云居寺塔

铛，塔身各塑有一千多尊佛像，故而号称"千佛塔"。

北宋首都开封最重要的遗物也是两座楼阁式佛塔，其中佑国寺塔的塔身以褐色琉璃砖包镶，宛如铁铸，人称"铁塔"；另一座天清寺兴慈塔建于古繁（pó）台上，又名繁（pó）塔，原为九层砖砌高塔，后世仅存三层，清初于其上复加六层小塔，相映成趣。

山东济宁的崇觉寺塔是一座真正的铁塔，铸造于北宋崇宁四年（1105年），原为八角七层，明万历九年（1581年）重修时增加到九层，总高23.8米，坐落于8.09米高的砖砌底座之上。底座包含室内空间，供奉一尊千手观音像。塔身内芯为砖砌，外面包裹铁铸的平座、栏杆、柱枋、门窗、外檐，塔顶安装铜质鎏金塔刹。此塔历经九百多年的风雨雷电，居然基本没有锈蚀，可见工艺不凡。

福建福州涌泉寺陶塔

河南开封天清寺兴慈塔
（陈洪澜摄）

山东济宁崇觉寺铁塔

江苏江苏南京大报恩寺琉璃塔构件

明成祖朱棣曾在南京大报恩寺建造了一座琉璃塔，八角九层楼阁式，高78.2米，通体以琉璃镶面，五彩缤纷，被西方人称作"中国瓷塔"，列为中古时期的世界七大奇迹之一。十九世纪丹麦作家安徒生创作的童话故事《天国花园》中，还曾经提到这座宝塔：风妈妈的第四个孩子东风游历中

十八世纪欧洲画家笔下的南京大报恩寺琉璃塔（引自《清帝国图记》）

国，"在瓷塔周围跳了一阵舞，把所有的钟都弄得叮当叮当地响起来"。建塔之时，所有琉璃砖瓦、外饰都烧制三份，一份安装施工，两份埋入地下作为备份，以供维修之用。清代咸丰年间，此塔毁于太平天国占领时期的炮击。1958年，遗址附近出土了大量的琉璃构件，可以拼合还原出塔身局部。

山西洪洞广胜上寺的飞虹塔也是一座楼阁式塔，重建于明嘉靖六年（1527年），八角形平面，共十三层，塔身以砖砌筑而成，上下收分明显，形如尖锥。明天启二年（1622年）在底层加建了一圈木结构的副阶塔檐，另在塔身外表附加琉璃装饰，包含亭台楼阁、草木花卉、人物禽兽等各种造型，色泽明丽，精美异常。塔内底层四面封闭，供有大型佛像，上面笼罩穹顶，以华丽的琉璃藻井装饰，一片幽暗之中，光线从藻井的顶端透进来，亮如白璧，显得神秘而庄严。第二层藏着一个覆钵式的小喇嘛塔，堪称"塔中之塔"。塔内的楼梯设于极窄的过道中，非常陡峭，仅容一人攀登，两侧紧贴墙壁，壁上开小口，以供手扶。梯道转折处上下两截断开，登者需要转过身来，以双臂支撑，高抬腿跨过空当，才能继续上登，感觉有点像攀岩。

山东临清位于京杭大运河沿线，明清两代成为皇家建筑材料贡砖最重要的生产基地，临清贡砖色泽纯正，质地坚硬，誉满南北。城西北运河东岸有一座明代后期所建的舍利塔，八角九层楼阁式，底层使用条石垒筑，二至九层以当地所产的砖砌造而成，檐下斗栱为陶制，屋顶形如头盔，檐角悬挂铜铃，铃声随风飘送，与河上帆影相伴。

山西洪洞广胜上寺飞虹塔

赵城县广胜寺 飞虹塔

内部楼梯断面

梁思成先生绘飞虹塔梯道示意图
（引自《晋汾古建筑预查纪略》）

山东临清舍利塔（李海霞摄）

密檐层叠

密檐式塔是中国古代佛塔的另一大主流类型，基本模式为塔身底层较高，其上各层的高度大大降低，逐层出檐，彼此距离很短，密合重叠，故名"密檐"。楼阁式塔无论采用何种材质，大多体现木构建筑的风貌，而密檐式塔全部以砖石砌成，更多展现砖石本身的结构特点，且内部通常不设楼梯，无法上登。

河南登封嵩岳寺塔被公认为中国现存最早的密檐式砖塔，大约建于北魏正光四年（523年），平面为十二边形，总高约40米，主要用青砖砌筑而成，因年代久远，外观变为灰黄色，壁体厚2.5米。底部塔身以叠涩分为上下两段，上段角部砌有倚柱，柱头雕有火焰珠与垂莲，柱脚为莲瓣柱础；四个正面均有贯通上下两段的门洞，在半圆形拱券之上雕琢尖形券面装饰，其余八面的上段砌有单层方塔形壁龛，设有壶（kǔn）门与狮子浮雕。上部构筑十五级砖檐，最顶部为砖砌塔刹，外形轮廓形成优美的抛物线。塔内为空筒，以叠涩分作十层，与外观不尽一致。

云南大理崇圣寺是南诏国与大理国历代君主尊奉的皇家寺院，屡加修建，清咸丰年间全寺遭遇火灾，仅存三座砖塔，总层数均为偶数，在中国古塔中属于非常罕见的情况。中间的千寻塔建造于南诏国时期（中原地区为唐代），这座塔高69.13米，方形平面，十六层，雄伟端庄，极具唐风。南北两侧还各有一座十层的楼阁式塔，建造于大理国时期（中原地区为宋代），仿佛是千寻塔的两个护卫。

河南登封嵩岳寺塔

云南大理崇圣寺千寻塔

陕西西安荐福寺小雁塔

河南登封法王寺塔

　　陕西西安城内的荐福寺小雁塔与大雁塔齐名，建于唐景
龙年间（707—710年），原为十五层密檐式塔，明代遭遇地
震，顶部两层和塔刹塌毁，现存十三层。底部砌筑方台基
座，内藏地宫。塔身外观素净，不再模仿木构刻镂细节。内
部中空，设有木质楼梯，在密檐塔中比较少见。

　　河南登封的法王寺塔位于嵩山太室山南麓玉柱峰下，建
于唐代，为十五层密檐式砖塔，高约37米，方形平面，塔壁
厚2.13米，全部以黄泥砖砌筑而成，造型舒展大方。底层
南面设门，通向内部的塔心室，其中供奉明永乐七年（1409
年）的一尊汉白玉佛像。塔下有地宫，曾经出土佛祖真身坐
化像、鎏金镂空铜炉、飞天舍利盒等珍贵文物。从法王寺东
望，可见两座山峰浑然对峙，如两扇大门，中留一缝，每
逢月圆之夜，一轮皓月嵌于其间，妙不可言，此即"嵩门待

河南登封永泰寺塔　　　　　　江苏南京栖霞寺舍利塔（王南摄）

月"，为嵩山奇景之一。太室山西麓另有一座唐代所建的永
泰寺塔，为十一层密檐式砖塔，高24米，外壁涂有一层石灰
外饰，内部为方形空筒，直通顶部。此塔造型简明，不加雕
饰，轮廓线条和缓，具有挺拔朴素的气质。

　　江苏南京的栖霞寺舍利塔重建于五代南唐时期（937—
975年），八角五层密檐式，通高约18米，通体以石灰岩和
大理石构筑而成，雕饰极为精美，基座做成须弥座式样，上
下分别刻有仰莲和覆莲。塔身转角处均凸起仿木构的柱子，
上承额枋。第一层约3米高，南北两面各雕两扇大门，东西
两面分别雕文殊、普贤像，其余四面各雕一尊力士像。上面
的四层高度收缩明显，各层每面凿出两个佛龛。屋檐悬挑的
尺度较大，塔刹由五层莲花组成，造型优雅。

　　北京天宁寺塔建成于辽代天庆十年（1120年），是一座八角十三层实心密檐式砖塔，台基为须弥座，平座之上雕刻仰莲花瓣，底层塔身角部凸起倚柱，四个正面中央为拱门，两侧为金刚力士浮雕，四个侧面各雕直棂窗。上部的塔檐下设有砖雕斗栱，几乎将塔身全部遮住。塔顶以双层仰莲基座承托宝珠，比寻常的塔刹显得更为简洁。此塔艺术价值很高，被视为辽金时期密檐式砖塔的最高代表，北京通州燃灯塔、山西灵丘觉山寺塔、辽宁辽阳白塔等古塔都与之造型相似。

北京天宁寺塔
（赵大海摄）

亭阁端方

亭阁式塔通常只有单层单檐，少数采用单层重檐，形似亭子，多用于僧人的墓塔，存世数量庞大。

现存最早的亭阁式塔是河南安阳的修定寺塔，营造于北齐天保二年至五年（551—554年），通高约20米，塔身采用方形平面，四面砌筑厚度超过2米的砖壁，塔顶呈方锥形，出檐很短，塔刹以仰莲承托葫芦形宝瓶。塔身外表铺嵌三千多块琉璃花砖，形状各异，砖上刻有神仙、武士、飞天、力士、动物、花卉图案，令人眼花缭乱。

山东济南历城区神通寺的四门塔建于隋代，完全以青石块垒砌而成，方形平面，高约15米，每面开设一个拱门，内室中心竖立一根方柱，四面各置一尊佛像，塔顶、塔刹造型与修定寺塔相似，但几乎没有什么装饰，非常简洁。

河南安阳修定寺塔（张荣摄）

山东济南神通寺四门塔（李海霞摄）

河南登封的净藏禅师墓塔建于唐天宝五载（746年），是中国现存最古老的八角形平面佛塔，通高10.35米，由基座、塔身和塔顶三部分组成，除塔刹为石雕外，全由青砖砌成。基座高2.64米，上部带有须弥座。塔身每个角部砌出倚柱，柱根不施柱础，柱头作覆盆式，两柱间施阑额（相当于明清时期的额枋），下部又有连接两柱的横枋嵌入柱子侧面。塔身南面为拱券式塔门，塔身北面嵌青石塔铭，东西两面安装两扇实榻大门，其余四面各砌一扇破子棂窗。

河南登封净藏禅师墓塔

山西五台山佛光寺祖师塔的建造年代不晚于唐代，六角形平面，分为上下两层，各出挑檐，均以青砖砌筑，外表涂成白色。底层尺度较宽，装饰很少，五面石墙，一面开设火焰形拱门；二层居于仰莲平座之上，体量明显收窄，雕饰细腻，与下部形成鲜明的对比。

山西平顺海会寺明惠禅师塔建于唐代，高6.5米，以青石搭建而成。底部在方形基座之上又设须弥座，塔身雕刻门窗和神将形象，塔刹由四重构件组合而成，塔内中空，顶部刻有平闇天花。此塔比例和谐，繁简适度，是古塔中难得的精品。

山西运城盐湖区的泛舟禅师塔建于唐代中期，本是报国

山西五台山佛光寺祖师塔（丁垚摄）　　　　山西平顺海会寺明惠禅师塔（张建军摄）

寺的附属建筑，后来寺院全毁，此塔独存，这也是目前可见的唯一一座圆形平面的唐塔。该塔高约10米，底部直径约5.7米，主要以砖砌筑而成，基座、塔身、塔刹各占三分之一。基座呈简洁的圆筒形，上设须弥座；塔身以砖柱分为八间，南面单开一门，其余各面刻镂直棂窗和实榻门形象，内藏六角形平面的内室，上带叠涩砖檐；塔刹包含五层石雕，细致典雅。

　　甘肃敦煌莫高窟东15公里外的三危山老君堂中原有一座慈氏塔，后来被搬迁至莫高窟前。此塔的建造年代大约是五代至北宋初年，八角形平面，塔心为夯土所筑，内藏方形内室，供奉弥勒佛，外壁塑造四尊力士像，再外施八根木柱，架设木质梁枋和斗栱、飞椽。虽然不是纯木构建筑，这座塔却与敦煌壁画中的单层亭阁式木塔的形象比较接近。

山西运城泛舟禅师塔（七色地图摄）

甘肃敦煌慈氏塔

（丁垚摄）

变幻无穷

中国古代的佛塔除了最常见的楼阁式、密檐式和亭阁式之外，还有其他多种形制，彼此差异很大，特色鲜明，需要一一分说。

覆钵式塔

覆钵式塔又称喇嘛塔，造型接近窣堵波的原型，是藏传佛塔的主要形式，在汉地也多有建造。最重要的实例是元代来华的尼泊尔匠师阿尼哥在大都（位于今北京市市区）设计建造的万安寺释迦舍利灵通之塔，即现存妙应寺白塔。此塔高约51米，在"T"字形台座上砌筑三层基座，塔身如倒覆的钵器，又如鼓形的瓶子，塔脖分为十三层，象征佛教所说的"十三天"，伞盖之上的塔刹原为宝瓶，后来改成一尊宛如大塔缩微而成的小喇嘛塔。此塔浑身雪白，比例匀称，端庄伟岸，是现存覆钵式塔中最出色的杰作。值得一提的是，山西五台山塔院寺的白塔也是阿尼哥所造，形制与妙应寺白塔相似，但塔身偏小，艺术也效果要逊色一些。

北京妙应寺白塔（王南摄）

几乎所有藏传佛教寺院都会建造覆钵式塔，如西藏桑耶寺大殿四周各立一座佛塔，外表涂以白、红、绿、黑四种颜色，代表东南西北四方和地火风水四元素。又如青海西宁塔尔寺前竖立的八座白塔，合称"八宝如意塔"，象征佛祖一生的八大功德。

青海西宁塔尔寺白塔

　　最奇特的藏式佛塔是西藏江孜的白居寺吉祥多门塔，又名"贝根曲登塔"，建造于明代早期，高42.2米。此塔基座共有五层，平面采用折角多边形，呈现曼荼罗坛城模式，重重叠叠，逐层收分。塔身为圆柱形，塔脖较短，伞盖硕大，造型与典型的覆钵式塔既相似又有所不同。全塔上下共设有七十六间佛殿，其中雕塑和壁画佛像数量超过10万，雄浑壮丽，照耀四方，有"十万佛塔"之称。

西藏江孜白居寺吉祥多门塔

过街佛塔

过街塔是一种特殊形式的佛塔，一般佛塔建在寺院内，过街塔则建于通衢大街上。这种塔底座架空或开设门洞，上为佛塔，道路从塔下穿越，行人经过时，即相当于礼佛一次。长城居庸关内的云台是一座建于元代的大型城台，本是一座过街塔的基座，开设有拱形门洞，外壁雕刻各种天神、动物、云彩图案以及六种文字版本的《陀罗尼经咒》，台上的宝塔现已不存。江苏镇江西津渡的昭关石塔也是一座过街塔，此塔建于元至大四年（1311年），以四根石柱和石梁、石板搭建框架式的基座，塔下人马通行无阻，上建一座覆钵式石塔，通高约4.7米，上下刻了许多祈福的文字。

江苏镇江昭关石塔

宝箧印经

宝箧印经式塔是五代十国时期吴越国王钱弘俶创设的一种佛塔形式，形状像一种收藏玉玺、珠宝的箱子，内藏专门印刷的佛经，故称"宝箧印经"。钱氏曾经效仿古印度孔雀王朝阿育王造八万四千塔的典故，以铜铁大量铸造这种样式的小塔，外表涂金，存于佛殿或地宫中。后世也按此模式建造大塔，如福建泉州开元寺现存两座石塔，均为南宋绍兴十五年（1145年）所建的宝箧印经式塔，通高约5.8米，方形平面，设有两层基座和两层塔身，塔身四面刻有佛像和佛教故事图案。

福建泉州开元寺宝箧印经式塔

扣钟式塔

扣钟式塔的塔身形如一口倒扣的大钟，一般用于僧人的墓塔。河南登封少林寺塔林中有多座这种形式的石塔，如金正大元年（1224年）所建的铸公禅师塔，高2.7米，雕刻精湛；又如元延祐五年（1318年）所建的古岩禅师塔，高4.4米，底部设有双层须弥座，

河南登封少林寺古岩禅师塔

塔身上刻有楷书"龟、鹤、齐"三字，顶部安装塔檐和塔刹。

多宝式塔

多宝式塔是一种三层佛塔，起源于唐代。韩国庆州佛国寺的多宝石塔建于公元八世纪的新罗时期，受到中国影响，底层为正方形平面，二三层为八角形，顶部的塔刹为圆形，一塔三变，转换自如。中国本土已经见不到这种形式的佛塔，清代皇家园林长春园中曾有一座法慧寺多宝琉璃塔，上中下三层平面分别采用圆形、八角形和方形，以七层塔檐分隔，与佛国寺多宝塔有异曲同工之妙，可惜后来毁失了。颐和园后山花承阁景区现存一座琉璃塔，也号称多宝塔，造型与法慧寺塔相似，但三层平面均为八角形，缺乏变化，不是典型的样式。

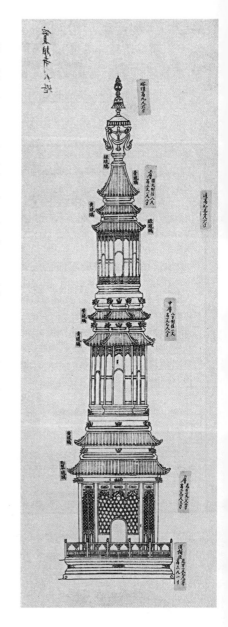

清代样式雷绘长春园法慧寺多宝琉璃塔立面图（中国国家图书馆藏）

纷繁花塔

花塔又名"华塔"，在辽金时期比较流行，其基本特征是塔刹粗壮高大，无覆钵宝珠，相轮上雕刻佛龛和繁复的纹饰，看上去宛如含苞欲放的花朵。典型的例子是北京丰台的镇岗砖塔，一般认为是金代所建，通高18米，八角形平面，底部设有平座，塔身以砖雕的斗栱作为装饰，塔刹上堆叠多层佛龛。河北正定广惠寺花塔的主塔塔身分为三层，八角形平面，底层和二层尺度较大，第三层大为缩减，平座和外檐都出挑很少，塔刹上雕镌莲瓣、狮子和小方塔，凹凸起伏，上下交错。主塔四角各建一座六角形平面的亭阁式小塔，与主塔互相嵌套在一起，形成了复杂的组群关系。

河北正定广惠寺花塔旧影（中国营造学社摄）

金刚宝座

金刚宝座塔是一种组合式的佛塔，由古印度的菩提伽耶塔首创，其特征是在巨大的台座之上竖立一座大塔，四角各置一座小塔，分别象征佛教所认为的世界中心须弥山和周围的四大部洲（东胜神洲、西牛贺洲、南赡部洲、北俱卢洲）。后来，中国也按此模式建塔，如北京真觉寺塔便是一座典型

北京真觉寺金刚宝座塔（王南摄）

的金刚宝座塔，此塔建成于明成化九年（1473年），下设长方形平面的高台基座，开设门洞，内含回廊；台上设有五座密檐式石塔，中央大塔为十三层，四隅小塔为十一层，基座和塔身刻满天王、狮子、孔雀和佛教八宝图案。北京香山碧云寺的金刚宝座塔建于清乾隆十三年（1748年），以汉白玉砌造，台座呈"凸"字形，台上有一大四小共五座密檐塔，

北京香山碧云寺金刚宝座塔

前部建一座小型的金刚宝座塔，基座上包含五座覆钵式塔，左右两侧又各立一座喇嘛塔，构图非常复杂。云南昆明东郊的妙湛寺金刚宝座塔始建于明天顺元年（1457年），同时兼有过街塔的性质，台座开设门洞，台上建造一大四小五座覆钵式塔。

傣式佛塔

傣式塔属于南传佛教，多见于云南西双版纳傣族聚居地，与缅甸地区的佛塔形制类似。云南景洪的曼飞龙塔是典型实例，建造于清乾隆年间，由砖石垒砌的主塔和八座小塔组成，八个方向又各设一座佛龛。塔身呈葫芦形，塔刹尖细，整体造型又似竹笋，比例修长，外表洁白如玉，其上雕

云南景洪曼飞龙塔

刻有各种吉祥图案。

综上所述，中国佛塔借鉴域外的建筑原型，创造出千奇百怪的本土形式，如佛祖的法相化身，变幻无穷，精妙绝伦，深刻体现了佛教文化与中国本土民族传统艺术的融合。高大的古塔往往是各地最醒目的景观标志，很多城市的"八景""十景"中都有佛塔的身影，例如杭州西湖十景有"雷峰夕照"、关中八景有"雁塔晨钟"、济宁八景有"铁塔清梵"、长清八景有"古塔擎空"……佛塔的影响代代相传，铭刻于我们心中，其意义早已超出了佛教的范围，成为中国文化重要的象征符号。

【八角攒尖】

第九章

民居大观

——中国古代住宅建筑

因地制宜

　　住宅是最早出现的建筑类型，每个时代都大量建造，作为人类的栖身之所，满足日常最基本的起居、餐饮、储藏等需求。不同时期、不同地域、不同阶层的住宅之间存在巨大差异，平面格局、空间形态、材料选择、营建技术、外部造型和装饰细节都各有特点，承载风土人情，展现生活方式，形式最为丰富。住宅容易因自然灾祸和人为因素遭到破坏，或因年久失修而颓败倒塌，或因人口更迭而拆旧建新，难以长期保存。

　　中国境内发现了很多早期住宅的遗址，包括几千年前的穴居和巢居。出土的汉明器、唐三彩等随葬器物大多模仿住宅制作而成，许多传世的绘画、雕刻绘有住宅形象，文献中也有无数关于住宅的记载，从中可以大致了解住宅建筑发展演变的基本脉络。

　　中国地域辽阔，南方的气候偏湿偏热，而北方偏干偏冷；南方的自然山水清秀婉约，而北方雄浑大气；南方的物产相对丰富，而北方略显贫瘠；南方的民俗艺术偏于细致，而北方偏于粗犷。这些因素对各地民居建筑有重要的影响。

　　目前已知年代最早的木结构住宅实物是山西高平中庄村姬姓民居的一座北房，由门墩上的刻字可知此屋建造于元至元三十一年（1294年）。此宅面阔三间，前列四根石柱，柱间施阑额，上设斗栱，支撑悬山屋顶，大梁采用加工粗糙的弯材，简单朴实。根据形制特征判断，山西其他地方还有六处元代住宅，其中包括阳城县润城镇一个由正房和东西厢房组成的完整庭院。

现存其余的民居老宅都是明清时期所建，虽然历经沧桑，百不存一，数量仍很庞大。各地人民充分顺应本地的地形、气候、物产等自然条件，根据传统的生活习俗和文化特点，建造出多种多样的住宅建筑。从选址勘测、施工建造到装修布置，都反映了古人高超的生活智慧，百花齐放，争奇斗异，蔚然大观。

高平中庄村元代民居（张建军摄）

合院住宅

自成体系

中国古代有很多住宅都采用庭院围合的方式来布置房

屋。合院住宅幽静内敛，方便宜居，在世界其他地区也很常见，但相对而言，中国人对这种模式显然更偏爱一些，中国的合院住宅形制也更为成熟。中国在两千多年间形成了一套严密的社会行为规范，而合院住宅具有外围坚固、内部独立、秩序井然的特点，给家庭带来充足的安全感和稳定感，完全符合社会行为规范的要求，在岁月的长河中不断得到强化，逐渐形成了独树一帜的中国式合院住宅体系。

四川出土的东汉画像砖上描绘的一户人家拥有多个院子，四周全部用房子或者廊子来围合，大门偏西，正堂很宽敞，前面的庭院中有两只鹤在翩翩起舞，东侧的院子里还建了一座高高的望楼。

唐代贵族、高官住宅规模庞大，三品以上官员建三间悬山顶大门，门外竖立戟架，五品以上官员宅门为类似牌坊的乌头门形式。敦煌壁画中绘有一座官员府邸，分设内外两重围墙，外墙采用素筑夯土，内墙抹灰，外门为乌头门，内门为两坡悬山顶门屋，正堂为三间歇山顶建筑，两侧有挟屋（正房两侧的小房子），类似后世的耳房。另一幅壁画中的住宅庭院分为前后两进，前院窄长而后院宽广，各设一门，外侧以一圈庑房围合。后院正中建有一座两层三间楼阁，主人端坐于底层，接受院中仆人行礼。主院一侧另有一个马厩，里面饲养若干马匹。

宋代的《清明上河图》《千里江山图》等巨幅画卷中分别绘有城市和乡村中的合院住宅形象，其中的前堂和后室之间常常用一道廊子串联起来，形成一个"工"字形的平面。这种形式也被元代的合院住宅所继承。

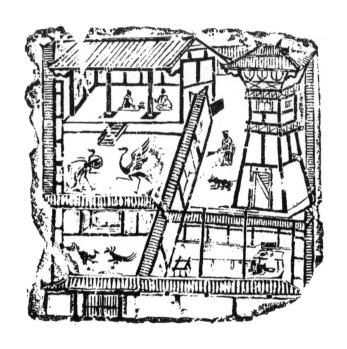

东汉画像砖上的合院住宅形象（引自《中国古代建筑史》）

唐代敦煌壁画中的合院住宅形象（引自《敦煌建筑研究》）

北京四合院

北京四合院是中国最典型的合院式住宅，格局方正，除了少数斜街上的宅子以外，大多呈长方形平面，其中的房屋基本采用正朝向，不像南方很多地区的住宅，方向偏斜，灵活多变。

一座标准的北京四合院由不同位置的单幢房屋组成：大门通常位于东南角，采用一间门屋或随墙开设的门楼形式。院子北面是正房，有时候两端各带一座小房，称作"耳房"，东西两侧各有一座厢房，南房名为"倒座"，与正房相对。整个院落犹如人体的化身，北房是头，耳房是耳朵，两厢是臂膀，南面的倒座则相当于手。有时用一圈廊子把这些房屋串联起来，廊子就称作"抄手游廊"。这种单进的四合院规模不大，功能齐全，最适合独立的小户人家生活。

在四合院中，家庭成员根据地位的高低住在不同的屋子里。家长住北房，兄长住东厢房，弟弟住西厢房，幼年的女儿可以跟在父母身边或住在耳房，南房安置厨房、储藏室以及仆人的卧室。父母所住北房的明间通常是全家聚会、用餐的地方。从四合院中的布局、房屋朝向和居住位置，可以看出中国传统的家庭结构，它们既体现了等级差别，又连接为统一的整体，尊卑有序，具有很强的伦理性。

中上等人家所住四合院通常拥有不止一个院子，主院之前设置前院作为内外过渡的空间，倒座房内安排门卫、接待、客房、家塾、厕所，主院的北面也可以再增加一个后院，建造一排后罩房承担辅助功能。前院与主院之间往往设有一道垂花门，檐下安装花板和垂莲柱。旧时说大户

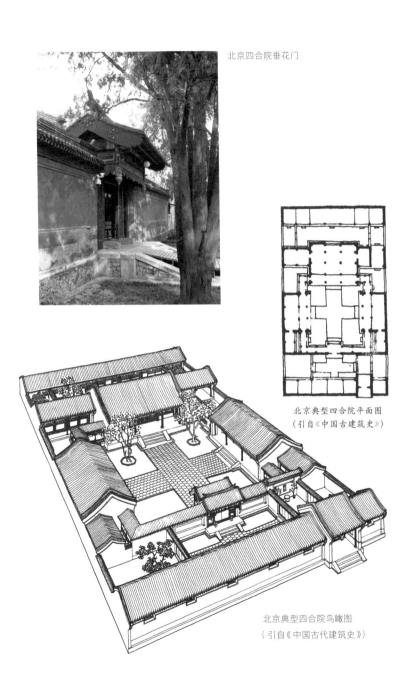

北京四合院垂花门

北京典型四合院平面图
（引自《中国古建筑史》）

北京典型四合院鸟瞰图
（引自《中国古代建筑史》）

人家的小姐"大门不出，二门不迈"，这个"二门"指的就是垂花门。

按照这样的模式继续扩展，可以形成更大规模的四合院。常见的方式是在纵向上插入一到数个内院，总数可以达到五进、六进乃至七进之多。这样的深宅大院会出现更多的变化，有的设两重垂花门，有的内院只设正房而不设厢房和耳房，显得更为宽敞。横向上也可以增加并列的成组院落。总之，院子越多，表示财富越多、人口越多，家庭结构也更复杂。

四合院四面都是封闭的外墙，很少开窗，建筑的门窗大多面朝内院。庭院本身是全家真正的共享空间，自成一方天地。遇到特殊的喜庆日子，会在院子里搭建临时的棚子来招待亲友。正房的前面通常对称种植两株海棠或石榴、丁香，进而布置假山石、鱼缸，形成别致的小景，老北京所谓"天棚鱼缸石榴树"，描绘的正是充满情趣的四合院内院风光。

清代河道总督麟庆的住宅位于北京东城黄米胡同，占地面积较大，附设花园。全家住在一座五进的四合院中，主人和两个儿子分居正房和东西厢房，东边的一组院子完全是祭祀空间。麟庆去世后，长子崇实搬进正房。后来人口增加了，弟弟崇厚全家就搬到新买的另一处四合院去了。晚清大学士崇礼的住宅位于东四六条胡同，占地面积将近一万平方米，共有三路五进院落，相互连通，临街一侧建造两座宅门，三十多间倒座房一字排开，很有气派。

北京黄米胡同麟庆宅院生活图景（引自《鸿雪因缘图记》）

北京东四六条胡同崇礼宅鸟瞰（高一丁摄）

徽州民居

安徽徽州地区遍布山岭丘陵，号称"八分半山一分水"，人多地少，而且田地相对贫瘠，农耕条件恶劣。为求生存，当地人几乎家家经商，走南闯北，艰苦创业，广设商号，以至于明清两朝"徽商"显赫一时的。徽商致富之后，一方面重视科举，培养子弟读书，另一方面常常花费巨资，在故乡建造宅院，现存宅院无不工艺精湛、造型雅致。黟县的西递、宏村位于黄山南麓，在青山绿水、农田林木之间保存着大量的古宅，放眼望去清雅秀美，宛如水墨长卷。

徽派住宅大多包含单个或多个依次递进的院落，方整对称，格局紧凑。几乎每个院落都设有一座主厅，两侧安排卧房，中央围合出一方天井小院，内侧四面悬挑屋檐，雨水可全部落入院内，形成独特的"四水归堂"之景。建筑以两层居多，都采用木结构，外围砌筑厚重结实的砖墙，地面铺设石板，屋顶覆盖黑瓦。门窗木雕图案繁复，而门头等位置则

安徽黟县宏村古民居（黄成摄）

饰有砖雕和石雕。建筑两侧的山墙砌得很高，外刷白粉，上加短檐，造型多呈阶梯状，被比作高昂的马首，得名"马头墙"。除了美观之外，这种马头墙还具有风水方面的意义，更重要的是，在失火时它还可以有效阻止火势蔓延。

江浙大宅

江苏、浙江地区的民居与徽州民居相似，外观呈现粉墙黛瓦的风貌，四面围合的庭院大多比较狭窄。一些显赫的世家也可能拥有宽阔的宅院，例如浙江东阳的卢宅是本地大族卢氏的聚居地，支分派衍，形成了多座住宅院落，各立堂号。占据中心位置的肃雍堂前设石牌坊，中轴线上共有九进院子，前半部用于祭祀、聚会、宴饮，大门、仪门、正堂、后堂依次而立，两侧厢房为子弟读书处，后半部是生活起居区域，与紫禁城外朝内廷的模式有颇多相似之处。

浙江东阳卢宅肃雍堂庭院

晋商豪宅

山西地区的晋商与徽商齐名,明清之际号称极盛,经济实力雄厚,所办票号、商号遍布全国,多在家乡建造高宅大院,形成了一种独特的宅院类型,现存祁县乔家大院、渠家大院与灵石王家大院、太谷曹家大院、榆次常家大院均为其中翘楚。这些宅院以木结构搭建房屋,墙壁以青砖砌筑,工精料实,细部装饰精致,庭院深邃,屋脊和墙头都造得很高。

山西祁县乔家大院鸟瞰(赵永明摄)

祁县乔家大院"在中堂"作为电影《大红灯笼高高挂》的拍摄地，名气最大。此宅清代曾经三次扩建，整个院落总占地面积约8700平方米，四周围墙高达10米，密闭如城堡，外设门楼。内部有一条80米长的东西甬道，南北两侧共建了六组院落，包含二十多个院子。房屋以二层为主，青砖包砌，屋顶铺灰瓦，沉郁厚重，照壁、门廊、窗户点缀雕饰，还悬挂了很多匾额、对联，充满文化气息。

云南庭院

云南的"一颗印"住宅也以庭院为中心，四面围合，外观端正如官印。入口为架空的门廊，对面的正房为两层楼，面阔三间或五间，屋架较高，中间一间开敞，用作厅堂，两侧安排卧室。两侧厢房内部搭建阁楼作为储藏室，下面用作厨房、马房和猪圈，正房、厢房之间设有楼梯。这种民居没有固定的朝向，散点分布于城市、乡村，也可通过串联、并联形成更大规模的组群。

大理一带的白族同胞所建宅院比"一颗印"要宽敞得多。较小者是由正房、厢房和一面墙围成的三合院，称作"三坊一照壁"。较大者四面建房，围成中心庭院，四角又各有一个小院，称作"四合五天井"。墙壁均刷白粉，描绘彩画，屋檐、墙头等位置雕镂纹饰，素雅之中又显繁丽。

东南大厝

福建、台湾和广东潮汕地区的合院式民居叫作"大厝"，纵向可串联多层递进的院落空间，横向可并联多跨，形成一大片聚落。例如福建闽清县坂东镇新壶村有一座宏琳厝，建于清代中叶，采用三横三纵的格局，中轴线上设有三进主院，各建正厅，主院之后又各带一个横长的附院，两侧则设置一系列天井小院，安排许多卧房。建筑均采用硬山屋顶，侧面山墙的顶端富有变化，墙壁除了青砖之外，也大量使用红砖。

云南玉溪华宁冲
麦村"一颗印"
住宅（张婕摄）

云南大理白族
民居外景

福建闽清坂东
镇新壶村宏琳
厝内院

各地风情

海草铺顶

山东胶东半岛依临渤海，古代渔民经常建造一种海草房，可独栋矗立，也可在屋前砌一道矮墙，或者围合成庭院。建筑采用木结构和砖石墙壁，最大的特色是屋顶不铺瓦，而是一层一层地密铺晒干的海草。海草质地坚韧，富含盐分和胶质，持久耐腐，吸潮防渗，所以屋顶通常可使用四五十年无须更换。

砌造窑洞

河南、山西、陕西、甘肃的黄土地区土层深厚，民居大多采用窑洞的形式。这里的窑洞主要分为三种：第一种是靠崖窑，在陡峭的天然土崖上开凿洞穴，虽然宽度有限，但是

山东建筑大学仿建的海草房

河南巩义杜甫诞生窑

内部可以拓展得很深，左右窑洞往往并联一体，或上下几层累叠。为了防止泥土崩塌，通常会在门口和洞内砌筑砖石拱券，或在洞外构筑砖墙。河南巩义是唐代诗人杜甫的故乡，传说笔架山下的一孔窑洞便是杜甫的诞生之地，曾有清代官员在窑前立碑纪念。此窑在土壁上挖出洞穴，再以砖砌拱券加固而成，是典型的靠崖窑，室内高、宽约3米，进深达20米，经过明清时期和现代的多次重修，已非唐代原貌。第二种窑洞是在平坦的冈地上向下开掘出方形平面的深坑，形成一个下沉的庭院，再在四面开凿洞穴，称作"地坑院"，院内可种植花木，通过梯道与地面连接。另一种窑洞是在平地上用砖石和土坯砌造拱券式房屋，称作"锢（gù）窑"。无论哪一种窑洞，都拥有厚厚的土层外壁，与大地巧妙地融合在一起，冬暖夏凉，安全舒适。

河南三门峡陕州区张汴乡北营村地坑院窑洞（罗德胤摄）

新疆库车民居

新疆民居

　　新疆地区的各族民居大多也是带庭院的住宅，但格局与汉地合院有明显差异，不讲究对称，灵活错落，一般在主屋的前面用土墙围成一个形状不规则的外院。建筑采用砖、土、木混合结构，以平顶为主，内部可能隐藏着更私密的天井小院。外院中种植瓜果，室内铺设地毯，安装壁炉，檐口和门窗外缘常用石膏刻花装饰。

藏羌碉楼

　　青藏高原上的藏族、羌族民居多用大石块砌成碉楼，高二至四层，底层用来饲养猪羊等牲畜及储藏草料，二层以上

西藏尼木碉楼民居

安排起居室、卧室、厨房，厕所悬挑在墙外。墙壁很厚，内侧垂直，外侧有明显的倾斜收分，整座建筑的轮廓也表现为下宽上窄的梯形。楼内在木梁上密排椽木（横向铺排的圆木），再铺木板。平台屋顶辟为晒台，用来晾晒谷物。碉楼保温性能优越，很适合高原地区日照强烈、昼夜温差大的气候条件，外观通过斑驳的石块、白色涂料、红漆木柱和鲜艳的花饰表现出对比强烈的色彩效果，不会被沙土遮掩。

草原毡帐

草原上的游牧民族逐水草而居，经常迁徙，平时住在可以灵活拆卸、运输的毡帐中。蒙古族所居的毡帐俗称"蒙古包"，一般为圆形平面，直径约4～6米，高逾3米，内部有木条编织而成的骨架，外面披覆羊毛毡，以绳索扎紧。顶部安装天窗，白天敞开，可通风、采光，晚上盖住。地面将草皮铲去，先铺一层沙子，再铺上地毯，布置铺位、箱柜，中央设有火塘。这种可移动的建筑方便实用，能抵御暴雪寒风，而且对环境扰动很小。茫茫大漠，风吹草低，牛羊遍野，大大小小的蒙古包或聚或散，其景象正如元代诗人萨都刺诗中所咏："卷地朔风沙似雪，家家行帐下毡帘。"

内蒙古通辽蒙古包

依山就势

湖南、四川、贵州地区多山地丘陵，雨雾弥漫，民居屋檐出挑尺度大，外廊宽，尽量保持开敞透空，以利于散气通风，不宜采用密合封闭的形式。构架以穿斗式为主，以较细的木料制作柱子、檩条和穿枋，外表刷一层桐油，保持木原色。这类住宅依山就势，布局灵活，朝向多变，可以根据不

贵州从江侗族村寨吊脚楼

同的地形条件随机建造。如果遇到崎岖不平的地段，则先排列若干柱子，柱脚或高或低地撑在地上，顶端齐平，架设台基，其上构筑房舍，称作"吊脚楼"。

福建土楼

福建南靖、永定地区的民居以土楼为主，分为五凤楼、方土楼和圆土楼三种形式。五凤楼与其他地区的合院住宅类似，包含若干庭院，前楼和两侧厢楼低而主楼高大，屋顶轮廓参差有致。

方土楼和圆土楼均为合族而居的大宅，以四五层高的房屋围合成方形或圆形平面，底部两层用作厨房和储藏室，上面的各层用作卧室，各层面朝内院均设有一圈外廊，周环畅通，院中建造宗祠或议事大厅。永定承启楼是现存规模最大

福建南靖土楼群鸟瞰

的一座土楼，直径达73米，包含三重房屋，环环相套。建筑外墙采用夯土砌筑，厚度超过1米，内部的梁架仍使用木材。这种土楼如同独立的堡垒，底部不对外开窗，仅设一个入口，防御性很强。建筑所用生土中掺入砂石、糯米粉、红糖、木条、竹片，具有透气、保温的效能。

南靖的裕昌楼建于元末明初，是现存最古老的一座土楼，主楼共有五层，高18.2米，包含二百六十九个房间，庭中建圆形平面的祖堂，堂前用鹅卵石在地面铺出五行八卦的图案，此楼最大的特色是内檐所有的木柱都东歪西斜，却又稳固不倒，可谓有惊无险。

彝族民居

彝族有一种民居名为"土掌房"，以平房为主，少数为

福建南靖裕昌楼内景

二三层，营建方法是先以石块垒砌墙基，再以夯土构筑墙身，最后在墙上排列楞木支撑木板，铺一层厚厚的沙土，形成屋顶平台。整个村寨往往建在山坡上，各家各户的土掌房从低到高，一层一层地堆叠，下一家的屋顶即为上一家的屋前晒台，首尾相连，参差起伏，富有韵律感。

蘑菇房屋

民间传说云南红河的哈尼族祖先原先住在山洞里，出洞采蘑菇的时候看见许多昆虫以蘑菇宽大的伞盖为屋，由此受到启发，便发明了一种蘑菇房，一直沿用至今。这种民居先用砖块或石料垒筑墙基，上面再用干打垒的方式砌土墙，用竹木架支撑起四坡屋顶，顶上铺多重晒干的茅草，看上去圆墩墩、毛茸茸，宛如一朵朵大蘑菇。茅草顶的保温隔热性能优越，

云南弥勒城子村彝族土掌房（刘妍摄）

云南红河元阳新街镇牛倮普村蘑菇房（罗德胤摄）

而且具有干爽透气的特点，比瓦顶更实用。内部多为三层，底层饲养牛马、存放农具，顶层贮藏粮食，中间一层住人。

干阑住宅

西南地区的傣族、景颇族、佤族、侗族民居多为干阑式楼房，用木材和竹子搭建，底层以立柱架空，可用于饲养家畜、家禽，堆放木柴、谷物、农具，楼上有宽阔的平台和外廊，室内空间较高，以木板为墙，划分出厅堂和卧室，空气通畅。屋顶多为歇山样式，出檐较大，有很好的遮阴挡雨效果。楼房的外围经常用竹篱围一个小院，院子里种植瓜果蔬菜或开辟一个小鱼塘。

云南西双版纳傣族民居

【圆攒尖】

第十章

宛自天开

——中国古代园林建筑

如诗如画

园林是一种以表现景观为主的人居环境，与宫殿、寺庙、住宅这些建筑类型相比，最大的特点在于其中包含一定的自然风景元素，承载更丰富的文化艺术内涵，寄托了更高的生活理想。

与西方园林规整的几何形式不同，中国园林以模拟自然为最高宗旨，讲究格局自由、妙趣浑成，其中包含建筑、假山、水景、植物等诸多内容，辅以室内陈设、匾额楹联，景致佳美，意境深远。历代很多帝王、贵族、官僚和诗人、画家都对园林艺术十分痴迷，在园中游乐欢饮，雅集栖居，为之吟诗作画，甚至亲自参与造园设计，留下了无数的传奇佳话。

园林中的建筑包含殿堂、厅堂、楼阁、水榭、书斋、亭子、轩馆、画舫、桥梁等，既是生活宴乐的空间和驻足赏景的场所，其本身也是景观重要的组成部分。人工堆叠的假山往往是园中主景，土石结合，构成奇峰、悬崖、平冈、幽谷，以小代大，以假乱真，再现天下名山秀色。水景与假山相辅相成，以池塘、溪流表现大海、湖泊、江河风光。植物中既有松柏这样的常青乔木，又有槐、柳、榆、枫、银杏等落叶乔木，还有海棠、丁香等灌木，以及竹子、花草、藤蔓乃至蔬菜，枝干花叶红绿交错，给园林带来蓬勃的生机。

中国古代园林通常分成皇家园林、私家园林、寺庙园林、衙署园林、会馆园林、书院园林、村落园林和公共风景区园林等不同类型。历代君主所建的皇家园林又称苑囿、宫苑或御苑，征集各地的能工巧匠和各种奇花、异兽、怪石、珍玩，往往占据最优越的地段，达到同时代造园艺术的最高水准。

私家园林数量最多，一般为官僚、文人、商人所有，是其主人全家生活、游赏的地方。寺庙园林分别附属于佛寺、道观等宗教建筑，其景物映射相应的宗教思想内涵。衙署园林则是官员公务之暇的休憩场所，反映了典型的官场文化。公共风景区园林一般都利用风景佳胜的山地或河湖之滨改造而成，适当点缀楼阁亭馆，添加匾额石刻，向公众开放，平时游人如织。会馆园林依附于都城或商业城市所建的会馆，可供同乡聚会休憩。书院园林是传播学术的场所，充满书卷气息。村庄园林则在村里村外种植高树，构筑亭榭，一派乡野风光。

以长安为中心的关中地区和以洛阳、开封为中心的中原地区，曾经是造园极盛之地，宋代之后衰落。元明清三代，北京、天津和山东、山西成为北方园林的代表区域。以太湖流域为中心的江南地区自然条件优越，物产丰富，气候温

明代文徵明绘《东园图》（故宫博物院藏）

唐代王维绘《辋川图》摹本局部（台北故宫博物院藏）

润，富于水泉，经济发达，文化昌盛，自南宋以来，苏州、扬州、杭州、湖州、南京、常州、无锡、绍兴均曾经兴建大量的私家园林，城内城外亭榭相望。除此之外，岭南、巴蜀、湖湘等地区依托独特的水土气候条件，也都创造出了具有鲜明地方风格的园林艺术。

经过三千年的发展，从秦汉的宫苑台榭到六朝的山庄田园，从唐宋的风雅端丽到明清的曲折婉约，历代名园迭出，佳境非凡。可惜随着时光的流逝，绝大多数古代园林都已经沦为遗址或者彻底烟消云散，但南北各地仍有一些名园幸存至今，亭台楼阁、山水花木之间依然充满诗情画意，蕴含无穷的风流雅韵，值得今人悉心品赏。

江南泉石

江南园林的空间格局最为复杂，庭院形状多变，主体景观大多以水池为中心，岸边以本地玲珑透空的太湖石和敦实浑朴的黄石堆叠假山。建筑造型灵巧，飞檐翘角，墙壁刷白粉，色彩素雅。花木品种繁多，尤以梅花、竹子、梧桐、荷花等富有文人气质的植物见长，四季各有佳致。明清时期江南涌现了多位造园大师，如张南阳、周秉忠、张南垣、戈裕良等，善于堆山凿池，栽花种树，技艺非凡，从整体到细节都力求尽善尽美。明末苏州吴江文人计成写出了一部《园冶》，是中国历史上最重要的造园理论著作。江苏、浙江、上海保存至今的历史园林遗产数量远多于其他地区，被视为中国古典园林的典范。

拙政远香

明正德年间，退休御史王献臣在江苏苏州创建拙政园，历经多次修复和变迁，成为现存江南古典园林中规模最大的一座，手笔也最为大气。此园烟水弥漫，山石起伏，空间疏密有致，西面可望见园外的北寺塔，视野开阔。

全园结构以水为骨架，以山为依托，建筑、植物分布其间，气韵流动，浑然一体。东部以远香堂为中心，设有海棠春坞、梧竹幽居、枇杷园、听雨轩、小飞虹、香洲、见山楼等景致；西部以卅六鸳鸯馆为中心，布置宜两亭、与谁同坐轩、倒影楼、留听阁。诸景各有主题，相互映照。

江苏苏州拙政园水景

其中海棠春坞是一个独立的小院，院中种植西府海棠，建筑的雕饰和铺地图案都采用海棠形。小飞虹是跨在水上的弧形廊桥，从南侧向北望去，屋檐、柱子和栏杆形成三幅巧妙的框景。香洲是一座模仿画舫的建筑，在临水平台上构筑亭子、穿廊和小楼，宛如游船的前舱、中舱和舵楼。园中部有一条曲折的长廊，将全园分隔成东西两部，西南侧假山之上的宜两亭视野开阔，恰好可以兼顾两边的胜景。与谁同坐轩是一座扇面形平面的小轩，典出北宋苏东坡的《点绛唇》词："与谁同坐？明月清风我。"将游者与清风、明月视为一同欣赏园景的三位好友。

留园冠云

江苏苏州阊门外的留园始建于明万历年间，原是太仆寺少卿徐泰时的宅园，清乾隆年间归属刘氏，改名"寒碧山庄"，俗称"刘园"。清同治年间，此园为常州人盛康购得，取"刘"字谐音改为"留园"。此园入口设在东南角，从蜿蜒的小巷穿越幽闭的游廊，经过古木交柯、华步小筑、绿荫等一系列天井小院，空间的尺度、方向、明暗、朝向不断变化，至中央水池边才豁然开朗，达到先抑后扬的对比效果。池中有小蓬莱岛，以曲折的藤桥串联。池北堆造假山，山间有闻木樨香轩，周围种桂花，秋日香气扑鼻。南岸建涵碧山房和明瑟楼，两座建筑组合在一起，轮廓略有些像船厅。

东岸的曲溪楼是一座狭长的二层楼阁，北侧有清风池馆凸于水上，西北边另有一座临水的濠濮亭。园东部有五峰仙馆、鹤所等庭院，均设假山小景，其中东北院中央竖立巨型

江苏苏州留园冠云峰

太湖石冠云峰，此石高逾5米，瘦、皱、透、漏，风姿绰约，号称江南第一名石，左右辅以瑞云、岫云二峰，前临小池，如美人照镜。

网师小筑

江苏苏州网师园的前身是南宋万卷堂附属的渔隐园，清乾隆年间重建，以渔夫的别称"网师"为名。此园由三个较大的庭院和二十多个天井小院构成，主体院落环绕水池建亭阁轩榭。南岸有小山丛桂轩和黄石堆成的云冈假山，濯缨水阁以立柱架在水上。西岸的月到风来亭是一座六角亭，矗立于水中的基座以不规则的黄石砌造，两侧游廊起伏，树枝摇曳，夜间明月当空、清风徐来之时，可体验北宋哲学家邵雍作《清夜吟》中"月到天心处，风来水面时"的意境。北岸的集虚斋是一座两层的楼阁，位置偏后，前面设了一道名为"竹外一枝轩"的廊子，作为过渡，以免对水池造成压迫感。东岸的射鸭廊是一座水榭，背景为大片的白粉墙。

西北部庭院的主厅叫"殿春簃（yí）"，其名来自邵雍的另一句诗"尚留芍药殿春风"，院子里种了春天最晚开放的芍药花，另以梅花、竹子、芭蕉为配角，西南角有一汪很小的幽潭，名叫"涵碧泉"，旁边建了一座只有半间的冷泉亭。

江苏苏州网师园月到风来亭

狮林真趣

江苏苏州狮子林原本是元代高僧惟则所居的佛寺园林，以多座形如狮子的奇石取胜，风格简雅，其中蕴含禅意。明代后期转为私家园林，清乾隆年间归属黄家，民国时期又归贝家，几经重修后，景致趋于稠密。全园分为东西两部分，东部以叠石假山和花木为主，西部以水池为中心，在山间水边建造花篮厅、指柏轩、卧云室、修竹阁、问梅阁、暗香疏影楼、真趣亭、石舫等建筑。假山占据近半地段，内藏多个幽深的山洞，穿凿延展，跨溪越谷，宛如迷宫。

　　元明清三代，朱德润、倪瓒、徐贲、文徵明、钱维城等著名画家都曾为狮子林绘制图卷，又有许多文人为之撰文赋

江苏苏州狮子林假山

诗，使此园名声大噪。乾隆皇帝非常喜欢狮子林，下旨在北京长春园和承德避暑山庄分别仿建了一座同名的园中之园。不过也有人批评此园景致过于烦琐，品位不高，如清代中叶文人沈复就指斥其中的假山矫揉造作，"如乱堆煤渣"。

惠山寄畅

寄畅园位于江苏无锡西郊的惠山脚下，始建于明代中叶，原名"凤谷行窝"，四百多年间一直为秦氏家族所有，又称"秦园"。

园南的秉礼堂自成一院，旁边有邻梵阁、九狮台、卧云堂。园东南角建御碑亭，其东花台上竖立一尊瘦削的介如峰碑，前临镜池。园东部开凿水池锦汇漪，形似葫芦，东岸建长廊，穿插郁盘和知鱼槛，其北为清响门洞、涵碧亭、清籁（yù），水上横跨有七星桥，通向西岸的鹤步滩。

嘉树堂居于北岸，可近观池水、长桥、游廊、水榭，远眺对面锡山上的龙光塔。池西有大型假山，由明末清初造园大师张南垣的侄儿张鉽设计完成，主要用黄石和夯土叠成，局部点缀湖石，最高处不过4.5米，却拥有回环曲折的山径、

江苏苏州寄畅园景致

凹凸有致的形态以及参天翠盖的乔木，仿佛真山的余脉，山巅矗立一座梅亭。园内引入号称"天下第二泉"的惠泉水流，从山石之间倾注而下，形成水流潺潺的声响效果，题为"八音涧"。

南京瞻园

南京瞻园本是明代开国功臣魏国公徐达府邸的西花园，邻近夫子庙，清代改为江南布政使司衙署，乾隆帝南巡曾经游览。晚清太平天国占领期间又成为东王杨秀清的王府，20世纪60年代在建筑学家刘敦桢先生的主持下重建。1983年，此园以"瞻园觅秀"之名列入金陵四十景之一，电视剧《红楼梦》《新白娘子传奇》都曾经在园中取景拍摄。

园中正堂为静妙堂，面阔三间，进深较大，南面依临一

江苏南京瞻园北部假山

个扇面形的小水池，北面辟大池，两池之间以溪流连通。园南、西、北三面都堆叠了大型假山，除了使用大量湖石之外，还有几块钟乳石悬垂其间，造型奇绝，洞壑幽深。水池东岸有曲折的长廊，水榭凸于水上。再东设有几个独立的庭院，各有主题。

扬州个园

江苏扬州是长江北岸的历史名城，明清时期商贾云集，以盐商最为豪富，修造了很多园林。清嘉庆年间，两淮盐业商总黄应泰在明代旧园的基础上重建自家宅园，取"竹"字之半定名为"个园"。

个园以假山为主景，水池较小，在北部建体量宏伟的抱山楼，面阔七间，可聚众宴饮。西南侧的入口门洞两侧各立一个花坛，坛内栽竹，放置几株石笋，仿佛春天竹笋破土而出。园西的湖石假山形态复杂，掩映在树荫下，宛如夏日云卷云舒。园东有一组黄石假山，高7米，中央为主峰，两边为侧峰，穿插山谷沟涧，外观为黄褐色，让人联想起金秋十月。东南角的透风漏月厅前又有一组假山，采用富含石英的宣石垒成，背对阳光，很像积雪未融的冬山，地面铺砌冰裂纹，南墙上开小圆洞，遇风即发出呼啸之声。此园在有限的范围内将一年四季的景致特征全部呈现出来，堪称妙笔。

上海豫园

上海是中国近代的工商业中心，历史上也很繁华，官僚、富商热衷于兴造园林。明嘉靖、万历年间，四川布政使潘允

江苏扬州个园抱山楼与夏山

上海豫园玉玲珑

端在城隍庙附近的宅第旁边营建豫园。此园由明代造园家张南阳主持设计，后来几次转手，清末成为商业行会的公所，现存园林面积约30亩（20 000平方米），不及最初的一半。

园内分散设置几个水池，东部有和煦堂、戏台、点春堂、藏宝楼，中部有九狮轩、两宜轩、万花楼、亦舫，西部有三穗堂、卷雨楼、萃秀堂。一座黄石大假山横贯中部和西部，磴道迂曲，峰峦婉转，山间建了一座望江亭，在亭中可远观黄浦江。东南部粉墙前竖立一尊硕大的太湖石峰，名为"玉玲珑"，传说是当年宋徽宗"花石纲"的遗存，上有一百多个天然孔穴，奇巧之极。

园外有一个大方池，池上架九曲桥通向两层楼阁形式的湖心亭，原来也是豫园的一部分，咸丰五年（1855年）改作茶楼，民国时期做过改造，屋顶加高，体量变大。

天一生水

浙江宁波天一阁是明嘉靖年间兵部右侍郎范钦在自家宅第中建造的一座藏书楼，形制独特，上下两层，面阔六间，取"天一生水，地六成之"的典故，含有以水压制火灾的寓意，阁前庭园中有水池，以暗渠与园外的月湖相通。

清初，范氏后人范文光在水池南岸叠置假山，造型模仿动物，有"九狮一象""福禄寿"等名目，假山覆以苔藓，旁依小亭，苍然有致。清代，乾隆皇帝下旨按照天一阁的式样在紫禁城、沈阳故宫、圆明园、避暑山庄以及扬州、镇江、杭州三地行宫中建造了七座皇家藏书楼，各贮藏一部《四库全书》。

浙江宁波天一阁

杭州西湖

浙江杭州在唐代便是江南著名的都会，先后成为吴越国和南宋的都城，城外的西湖经过一千多年的持续建设，湖光山色美不胜收，水上及四周岸边分布苏堤春晓、断桥残雪、曲院风荷、花港观鱼、柳浪闻莺、雷峰夕照、三潭印月、平湖秋月、双峰插云、南屏晚钟十景，被文人骚客吟咏不绝，是驰誉天下的园林风景区。清代康熙帝和乾隆帝南巡时均曾前来游览，康熙帝还亲笔为十景逐一题名，并勒石立碑。

北宋著名词人柳永写过一首《望海潮》描绘杭州西湖，其中以"重湖叠巘（yǎn）清嘉"六字来总结西湖美景的主要特征。所谓"重湖"，就是指西湖不但水面曲折，而且通过长堤划分，形成了外湖、里湖、岳湖等几重区域；"叠巘"就是"山峦重叠"的意思，因为西湖北岸有一座孤山，再北为

杭州西湖风光

葛岭，南岸有南屏山，西侧则有层叠起伏的群山作为屏障，山水相依，景观层次十分丰富。

　　苏堤为北宋苏东坡守杭时所筑，纵贯西湖，长达2.8公里，中间有六桥串联，花柳夹道。断桥则是一座石拱桥，系于白堤东端。南屏晚钟和雷峰夕照分别以南岸的南屏山净慈寺和夕照峰上的雷峰塔为主景。西湖心有"田"字形平面的小岛，南侧水面上竖立三座石塔，塔身高出水面2米左右，形状圆鼓而中空，上开五孔圆窗，可燃灯伴月，故而号称"三潭印月"。平湖秋月在孤山东南，唐代建有望湖亭，清朝在其原址上改建御书楼，前出平台，面朝浩荡的湖面。曲院风荷为宋朝时官家酿酒的曲坊，院中多荷花，清代建迎薰阁、望春楼。柳浪闻莺在西湖东南岸，靠近杭州古城的西城墙，种植成片的高大柳树，垂枝依依，鸟鸣清脆。花港观鱼位于西湖西南部，池岸蜿蜒，水中饲养各种游鱼。双峰插云指的是西岸群山中相距十余里的南高峰和北高峰，山巅曾各建一塔，宜于从湖上远眺。

岭南庭园

岭南地区包含五岭以南的广东、广西和云南、福建的一部分，属于热带、亚热带季风海洋性气候，潮湿炎热，明清时期成为主要的对外通商口岸，物产、民俗均与其他地区有很大的差别，造园艺术也自成一系，包括以水池为中心的池馆、以壁山为主景的水石园和建在山林地带的山庄三种类型，分别流行于珠江三角洲、潮汕和桂林等地，现存岭南四大庭园都属于池馆性质。

就造园手法而言，岭南园林的建筑密度偏大，多造楼阁，有"广厦连屋"之称，水池往往采用规则的几何形状，假山以广东英德出产的英石、海中打捞的珊瑚礁和山上开采的大块花岗岩来堆叠，大量种植水松、榕树、荔枝等本地特有的植物品种，与其他地区的园林颇有差别。

余荫山房

广东广州番禺区南村的余荫山房建于清同治年间，大门设在西南角，入门穿过两个庭院，即进入主院。中间一道门两侧悬挂对联"余地三弓红雨足，荫天一角绿云深"，嵌有"余荫"两字。

主院西部辟一泓方池，池南为临池别馆，池北为深柳堂，堂前月台上搭建铁制藤架，缠绕炮仗花，风吹花落，如降红雨。院东部有一座八角形平面的玲珑水榭，周环水池，并以一条笔直的溪流水道与西池连通，溪上架了一座廊桥，分为三折，造型很别致。水榭八边开设四门四窗，面朝八种不同的景致，主人曾为之一一作诗。东侧有一组英石叠成的假山，旁植翠竹。东北角倚墙建了一座半圆形平面的来

广东广州番禺区余荫山房廊桥

薰亭，北面则安放养孔雀的大笼子。园中的窗户安装彩色玻璃，栏杆均为西式宝瓶样式，明显受到外来影响。

顺德清晖

清晖园位于广东顺德华盖里，始建于明朝末年，经过清代的扩建与改建，现存主体部分平面呈梯形，从北向南设有一条甬道，沿途布置笔生花馆、小蓬瀛等建筑，南部有一个长方形的水池，池北有惜阴书屋和楼厅，南岸和西岸分别建有澄漪亭和六角亭，均凸于水上，构图与苏州网师园的濯缨水阁、月到风来亭相似。建筑装修和墙上的漏窗多采用荔枝、菠萝、佛手图案，乡土气息浓郁。

广东顺德清晖园临漪亭与六角亭

佛山梁园

佛山梁园是清代书画家梁蔼如叔侄所建的宅园，原本面积很大，由多组庭院构成，后来大多被毁，近年陆续重建，唯东部的群星草堂尚存原物。

群星草堂是一个"L"形平面的院子，内部不再用墙分隔，却形成山庭、石庭和水庭三个空间：山庭居南，以土堆成平缓的小山，山上建一座方亭，磴道两侧点缀一些英石；石庭居中，在堂前空地上安置十余块石头，分别属于太湖石、灵璧石和英石，大小高低不一，或立或卧，姿态各异；水庭居西，在曲池边建造小楼和船厅，架设石桥。整个庭园格局紧凑却不乏变化，令人称道。

广东佛山梁园群星草堂水庭

东莞可园

清道光三十年（1850年），官至按察使的东莞人张敬修在故乡东郊博厦村可湖西侧建了一座可园。张敬修文武全才，曾经率军作战，又精通诗文书画，亲自主持可园的设计与施工，使此园达到了很高的艺术水准。

此园平面轮廓近于三角形，内部环绕中央的庭院布置若干小院。北部有一个曲尺形的小水池，池边建双清室，其北的建筑共有四层，高约15米，在中国私家园林中属于罕见的特例，下面三层均以砖包砌，顶层是一座相对独立的木结构歇山厅堂，楼梯在室外盘旋而上，登楼可以眺望很远。正厅可堂面阔三间，坐东朝西，堂前有一座珊瑚礁叠成的假山，覆以薜荔，酷似披头散发的狮子，上架楼梯，通往一个屋顶平台。东部有好几座楼阁，连成一体，依临可湖设有船厅、

东莞可园狮子假山

观鱼矶，还在湖上建造一座六角形的可亭，以曲桥连通水岸。

北风山池

北方私家园林的布局大多比较端正，有明显的对称感，不及南方园林灵活曲折。建筑造型沉稳，屋檐平缓，柱梁等木构件外刷鲜艳的油漆彩画，墙垣多用灰砖砌筑，白粉墙较少。假山主要用硬朗的青石和圆墩状的北湖石堆叠，有雄强之风。北方水资源相对匮乏，城内园林的水池大多偏小，城外园林水景相对丰沛。北方土质偏碱性，植物品种受到较大限制，适宜栽种槐、榆、银杏等乔木和海棠、丁香等灌木以及牡丹、芍药、菊花等花卉，很多南方品种在北方难以露天存活，而且草绿花红的周期比较短，松柏等常青乔木多为墨绿色。

潍坊十笏

山东潍坊的十笏园位于城内胡家牌坊街，始建于明代，清末光绪年间富商丁善宝又做了全面的改建。

园南建正厅十笏草堂，面阔三间，名为"草堂"，实际上屋顶覆盖瓦片，而非茅草。院中央辟有水池，池岸叠石斑驳，水中建有一座四照亭，西侧有曲桥与池岸相连，东北有一座名叫"稳如舟"的画舫，西面的台基处理成半圆形，似有船头的意趣。东岸堆叠大型湖石假山，山顶、山腰、山脚位置各建一座亭子，成鼎足之势。四照亭之北有一道镂空的砖墙，后院北侧为两层三间藏书楼，名砚香楼，西厢位置建有一座春雨楼。

这座园子从南至北形成一条中轴线，建筑全取正朝向，有正厢之别，表现出明显的北方园林特征，同时水景、假山、亭榭又有江南园林的味道，可谓兼融南北。

济宁荩园

山东济宁位于京杭大运河沿线，明清两朝城内外园亭别馆星罗棋布，人称"小苏州"。北郊的荩园前身为文人戴鉴嘉庆年间所建的椒花村舍，道光十八年（1838年）转售予富绅李澍，改建为荩园。

园门东向，采用歇山屋顶，拱形门洞上刻有"游目骋怀"四字匾额。入门可见南北两座假山，南山较小而北山较大，山上各建一亭，山径两侧竖立姿态秀美的太湖石。园中心辟

山东潍坊十笏园假山

山东济宁荩园方池与亭台

有一座长方形的大水池，四周以砖砌栏杆围绕。池中央偏北处筑大平台，上建正堂，南侧对称种有两株古柏，一挺直，一盘曲，宛如双龙飞舞。平台东、南、北三面各以一座石平桥与对岸相连，南桥最长，中间又筑一座小平台，台上建六角亭。这种水台敞厅略有商周、秦汉时期高台厚榭的遗风，隐喻海外仙岛，被赞为"尘世蓬瀛"。

太谷孟园

位于晋中盆地的山西晋中太谷区始建于北周武帝建德六年（577年），历史超过一千四百年，明清时期是晋商的重要发源地，享有"金太谷"的美誉。孟氏是太谷第一望族，世代经商，在城内外建有多座园林，其中位于县城西南的一座宅园于民国年间售予大财阀孔祥熙，改称"孔家花园"，一直留传至今。

全宅由五路并列的多进院落组成，东西各设一个花园。东花园南部建有一座五间硬山顶的楼阁建筑，北出三间平顶抱厦，屋顶兼做二楼的观景平台；东厢位置是一座高台敞轩，西侧建有一座平顶房，端头处理成抹角的形式，属于模仿画舫的"旱船"性质；北部原有正厅、北楼、游廊和假山，可惜均已被拆除。

西花园北侧建赏花厅，其南有一个十二边形的小水池，池中心建有一座方形平面的小陶然亭，南北各建石桥，池边设栏杆，望柱头上雕刻十二生肖的形象。这两个花园的尺度都不大，楼、厅、轩、舫、台、亭等建筑与假山、水池、花木构成错落有致的景象，平淡之中透出富丽的气质。

山西太谷孟园小陶然亭

北京可园

清代大臣文煜于咸丰十一年（1861年）在北京东城帽儿胡同建造宅第，设有一座名为"可园"的花园。此园主体部分南北长约97米，东西宽约26米，设有前后两个院落，各建一座北房，西院通过东部的长廊连为一体，廊间穿插四座外形各异的亭榭。

前院以水池为中心，北、南两端都有溪流延伸，北为源头，南为支流，一直穿过假山流到一座六角亭的阶下。假山横亘东西，其间隐有山洞，洞口刻有"叩壁""通幽"两处题额。北侧建有一座五开间硬山正厅，体量较大，两侧带耳房和游廊，为当年主人待客宴饮的场所。厅前设置石雕日晷和湖石小品，非常精雅。

后院以假山为中心，底部用斧劈刀斫的青石，上部为玲

北京可园后院敞轩馆（姚升中摄）

珑圆润的湖石，兼具险峻和柔美的效果，中央为山洞。东部高台上有一座五开间的歇山顶敞轩馆，居于全园最高处。

　　这座园林明显由四合院改造而成，空间比较规整，变化不多，但另有一种开朗雍容的气度。

恭王府园

　　恭王府园位于北京什刹海前海地区的柳荫街，曾经是乾隆年间大学士和珅的宅园，清末归属恭亲王奕䜣，同治五年（1866年）对花园进行重建，形成今天所见的格局。

　　花园在府邸之北，占地面积约3万平方米，南墙正中设有一座砖砌园门，带有明显的西洋风格，西南则设有一座城关，名叫"榆关"，有隐喻山海关的意思。全园分成东、中、

北京恭王府园诗画舫

西三路格局，四周均有假山围合，形成内敛的气氛。

从中央的园门进入，道路两侧均为青石假山，两山之间凌空搭了一块横石，成为第二道门洞。洞北设有一座花台，竖立一块5米高的太湖石峰，名为"独乐峰"。东侧假山下建有六角形的沁秋亭，台基上凿出曲折的流杯石渠，用来举行"曲水流觞"的仪式。独乐峰之北是一片蝙蝠形的水池，西侧有小溪与西路的大水池相通。蝠池的北边建有正厅安善堂，后面连接一个石台基，两侧用长廊串连东厢房明道斋和西厢房棣华轩。安善堂北面是大型假山滴翠岩，全部用北湖石叠成。最北的正谊书屋平面形状也类似蝙蝠，俗称"蝠厅"。

东路设有大戏楼，由前厅、中部的观戏厅和南部的戏台组成，装修得富丽堂皇，是主人观看表演和举行宴会的场所。西路辟有一个长方形的大水池，中央建三间水榭，名叫"诗画舫"，又称"钓鱼台"；东南侧的妙香亭造型独特，底层平面为"十"字形，上层平面呈海棠形。

此园格局严整，嶙峋假山、宽阔大池与雕梁画栋、高树红花相映，大显豪门贵气。

礼王郊园

北京西郊有多座王府园林，其中海淀地区西南的礼王园建于清嘉庆年间，民国初年归属同仁堂乐家。花园位于府邸的西侧，前部有两进院落，尺度宽阔，各设正房、厢房，第二进院中辟水池，池上建八角亭。北部建有三个独立院落，种植海棠、蜡梅。由于所在位置地势较高，难以引水，园中水景面积有限，以青石叠成的假山为主景，局部点缀一些单株湖石，表现孤峰、险崖、深壑等不同形态，峥嵘奇丽，兼有分隔空间之妙。

北京礼王园水池

皇家御苑

从商纣王建沙丘苑台开始，历代王朝都热衷于兴造皇家园林，作为宫殿之外最重要的生活场所。现存的各大御苑都是清代所建，或经过清代的大幅改建，主要呈现中国园林史晚期的艺术风貌，但仍有很多特征与前朝御苑一脉相承。

相对其他园林类型而言，皇家园林规模更宏大，功能更复杂，殿阁亭台众多，山高水阔，植物品种突破地域限制，造景手法博采众长，继承历史上出现过的经典题材，并借鉴同时期其他地区的山水名胜、私家园林、寺庙园林的景致特色，整体上呈现出华丽壮观的皇家气派，细节上又具有精致优雅的特点。

西苑三海

金代第四任皇帝完颜亮营建中都的同时，在东北郊建造离宫，内含湖泊，水中筑岛，还从开封艮岳旧址上运来许多太湖石，在岛上堆叠假山，并建广寒殿。元代建造大都，将这片水面纳入皇城内部，定名为"太液池"，修建更多的殿阁亭台。明代在此基础上营造西苑，加挖南海，又在水上砌筑"金鳌玉蝀"石拱桥，分隔出中海和北海，形成三海纵联的格局。清康熙、乾隆、光绪年间三次改建、增建，景物日趋稠密。

南海水面近于圆形，中央岛屿名为瀛台，取东海仙山瀛洲之意，设长桥与北岸相通，岛上有一组华丽的宫殿建筑，坐南朝北，以涵元殿为正殿。清康熙年间在南海北岸

北京西苑中海水云榭
（引自 *Gardens of China*）

北京西苑北海琼华岛西坡景致

建造了一座勤政殿，作为皇帝驻跸西苑期间主要的理政殿宇，其西为丰泽园，临近皇帝躬耕的御田。东岸有云绘楼、清音阁、大船坞、同豫轩、鉴古堂等建筑，掩映在茂盛的林木之中。

中海水面狭长，东岸有水云榭、万善殿、千圣殿，西岸有紫光阁，阁内悬挂功臣画像，阁前可临时搭建大蒙古包，举行赐宴外藩的活动。晚清时期慈禧太后又在西岸修建仪鸾殿作为自己的寝宫。

北海是西苑的精华，景色最美。东南岸的团城本是元代太液池中的小岛圆坻，底部为圆形高台，台上围合一圈圆形平面的游廊，中央在元代仪天殿旧址上建了一座承光殿，殿前古松蟠然，南侧有一个石亭，里面放置着一尊元代用来盛酒的大玉瓮，名叫"渎山大玉海"。琼华岛是北海的核心景观，位于水面南部，假山上尚存金代运来的太湖石，清顺治年间在山顶修建了一座白色的喇嘛塔，又在南坡台地上营造永安寺，其余地段建有智珠殿、漪澜堂、阅古楼、蟠青室等建筑。从不同方向来看，琼华岛四面景致各异，又同以纯净的白塔为中心，绿荫中透出殿堂亭轩的黄色琉璃瓦屋顶和红柱彩梁，加上天光云影的映衬，成为绝妙的360度立体画卷。北海东岸有濠濮间、画舫斋，北岸有镜清斋、澄观堂、快雪堂等庭院以及西天梵境、阐福寺、小西天等佛寺，明代后期临水建造了五龙亭。诸景各自独立，可随宜展开，又联络成统一的整体。

圆明三园

清康熙年间在北京西郊利用明代故园旧址营建畅春园，作为园居理政的离宫，之后的历任皇帝又持续兴工，形成了号称"三山五园"的皇家园林建筑群。其中最重要的一座御苑是圆明园，本是雍正帝继位前的藩邸花园，雍正登基后扩建成大型离宫园林，乾隆帝续加增建，并先后在东侧开辟长春园和绮春园两座附园，合称"圆明三园"。

圆明三园总面积约350万平方米，外围宫墙总长达10公里，设有十九座园门，园内通过山丘、水系、游廊、围墙的分隔，形成各个主题景区，相当于若干园林的集合体，因此被誉为"万园之园"。其中修造大小建筑群总计一百二十余处，主要以厅堂楼榭等游赏性的景观建筑为主，同时拥有相当数量的宫殿、佛寺、祠庙、戏楼、市肆、书斋、船坞等特殊性质的房屋，秦汉以来皇家园林中流行的造园题材，如神山仙境、濠濮观鱼、兰亭雅集、田圃村舍、市肆街衢等等在园中均有表现。

圆明园以乾隆帝御题的四十景为主体，西部的正大光明殿为朝仪大殿，勤政亲贤为理政区域，九洲清晏、长春仙馆、洞天深处分别作为皇帝、太后和皇子的居所。环绕后湖共有九座岛屿，象征天下九州。后湖之北散布着万方安和、武陵春色、月地云居、濂溪乐处、水木明瑟、日天琳宇、汇芳书院、杏花春馆等近二十景，水面以分散为主。园西北隅建有安佑宫，规制模仿太庙，是供奉历代清帝画像的场所。在坐石临流景区设有同乐园大戏楼及买卖街，其北的舍卫城是一座佛寺。园西有大片空地，设有山高水长一景，是清帝

清代唐岱、沈源绘《圆明园四十景图·澹泊宁静》（法国国家图书馆藏）

骑马、射箭的场所，每年正月十五前后此处会举行大蒙古包宴，招待外藩领袖。圆明园东部以福海为中心，形成了另一个大景区。水中央筑有三岛，形成蓬岛瑶台之景，象征着东海三仙山。四面岸上散布着平湖秋月、接秀山房、别有洞天、夹镜鸣琴、涵虚朗鉴等景点，尺度更为开朗恢宏。再北则有方壶胜境、北远山村、廓然大公诸景，彼此各据水面，形状曲折，又有岗阜回萦，形成独特的深幽意境。

长春园位于圆明园福海之东，以洲、岛、桥、堤将一个

北京圆明园西洋楼大水法遗址

大水域划分为若干水面，建有澹怀堂、含经堂、淳化轩、玉玲珑馆、思永斋、海岳开襟、茜园、如园、鉴园、狮子林诸景。园北有一片特殊的西洋楼景区，包含谐奇趣、方外观、养雀笼、海晏堂、远瀛观、大水法、观水法等建筑和大量的喷泉、雕塑、植物，将中国风格与欧洲十八世纪巴洛克及洛可可手法融为一体，是中国皇家园林中首次大规模仿建欧洲园林与建筑的重要实例。

　　绮春园位于长春园之南，在合并了一系列王公大臣的赐园的基础上扩建而成，共有敷春堂、清夏斋、涵秋馆、生冬室、四宜书屋、凤麟洲、含辉楼、澄心堂、湛清轩等近三十处建筑群，通过小水面与山冈穿插，构成松散的整体。

　　咸丰十年（1860年）英法联军入侵，对以"圆明三园"为中心的"三山五园"大肆抢掠，纵火焚毁。圆明园遭此大劫，此后又历经各种破坏，彻底沦为废墟，记录了中国近代史上极为惨痛的一页。1988年，圆明园被辟为遗址公园，残存的建筑与山水遗迹得到有效的保护，供后人凭吊。

清漪颐和

颐和园的前身是清乾隆年间建造的清漪园，与玉泉山静明园、香山静宜园合称"三山行宫"。所在地原有一座天然的瓮山，南临瓮山泊，造园之时将瓮山泊加挖成广阔的昆明湖，在瓮山上堆土叠石，构成更宏伟的万寿山，山形水态忠实地模仿杭州西湖。咸丰十年（1860年），清漪园与圆明园等其他西郊园林同时毁于英法联军的焚掠。

光绪年间，清漪园被以"奉养太后"的名义在原址上重建，更名为"颐和园"，清代最后一座离宫御苑形成。此园东部为相对独立的宫廷区，东宫门与正殿仁寿殿均坐西朝东。慈禧太后、光绪帝和后妃分别以乐寿堂、玉澜堂和宜芸馆三组院落为寝宫，旁边还建了一个德和园，内含三层大戏楼，北面是观戏的颐乐殿。

万寿山东西长约1000米，高60米左右，山势比较平缓。山南一侧沿着昆明湖的北岸设置一条漫长的游廊，从乐寿堂西侧的邀月门开始，一直向西伸展到石丈亭，共二百七十三间，长达728米，像一条弧形的飘带系在山脚下。前山中央位置的台地上建了一组排云殿建筑群，分为几级台地，逐次升高，慈禧太后的万寿庆典即在此大殿中举行，其上为八角形平面、四重屋檐的佛香阁，阁内供奉观音像，佛香阁外形高峻壮阔，是整个颐和园的核心标志。最高处为琉璃牌坊众

北京颐和园万寿山佛香阁

香界和砖砌佛殿智慧海。东侧的转轮藏和西侧的铜铸宝云阁均为乾隆时期所建的佛教建筑，形制比较特别。万寿山西部转折处的画中游是一座二层八角形的楼阁，不设台基，柱子直接立在凹凸不平的山石上。登上画中游二楼，四方八面都分别以柱子和横楣构成完整的画框，形成远近宽窄各不相同的八幅画面。

昆明湖水波潋漾，倒映山色，西部构筑了一道长长的西堤，位置、走向几乎与西湖的苏堤一模一样，而且堤上同样筑有六座石桥以作串连。东岸有文昌阁城关、镇水铜牛、廓如亭，以十七孔桥与南湖岛相连，岛上原有一座仿武昌黄鹤楼的三层望蟾阁，后来改为涵虚堂。湖上还有藻鉴堂和治镜阁两座大岛以及知春亭、凤凰墩两处小岛。西北的一片水域比较狭长，中间有一座长岛，仿西湖孤山起名"小西泠"，

北京颐和园清晏舫

临近岸边的水面上建有一座清晏舫，在石舫基座上以木结构搭建西洋式楼房，柱子、栏杆上都刻有模仿大理石的花纹，船身还安装了一个石雕轮盘。

万寿山后山与北宫墙之间夹着一条长达1000米的后溪河，河道或宽或窄，蜿蜒幽折。后山上原有绮望轩、构虚轩、赅春园、嘉荫轩、妙觉寺、云会轩等庭院，大都不存。后溪河中段设有一条买卖街，俗称"苏州街"，全长约270米，两岸搭建店铺布景，模仿江南的水街集市。后山中央位置的须弥灵境是一座藏式风格的大型佛寺，在红色高台上砌筑佛殿、楼阁和佛塔。后山东侧还有一座名为"谐趣园"的园中之园，原名"惠山园"，参照无锡寄畅园修建而成。

颐和园不是圆明园那样的集锦式园林，整体感更强，宛如一部首尾连贯、情节紧凑的大戏，包含前奏、铺垫、转折、高潮、尾声，从始至终起承转合，一气呵成，被誉为"中国皇家园林的传世绝响"，于1998年被联合国教科文组织列入《世界遗产名录》。

避暑山庄

清康熙四十二年（1703年）开始在长城以北的热河（今河北承德）兴建避暑山庄，以此作为皇帝北巡狩猎期间驻跸的离宫御苑。乾隆六年至五十七年（1741—1792年）间又两次加以扩建，打造了一座规模庞大、景观丰富的塞外宫城，成为北京之外最重要的国家政治中心和皇室生活中心，康熙帝和乾隆帝分别为之题有三十六景。离宫外围还先后建造了十二座藏传佛教寺院，统称为"外八庙"。

河北承德避暑山庄烟雨楼

避暑山庄占地面积约564万平方米，规模辽阔，分为宫廷区、湖泊区、平原区和山岳区四个部分，充分利用优越的自然山水加以营造，建筑朴素，草木葱郁，兼有北方之雄与南方之秀，风景独胜。宫廷区由正宫、松鹤斋、万壑松风和东宫组成，是离宫主要的朝会、理政和起居空间。避暑山庄中东宫清音阁和如意洲一片云均设戏台，为帝后及外藩、大臣观剧之所。

湖泊区是核心景观，水面形态复杂，岛屿、长堤、桥梁萦回穿插，很有江南水乡的意趣。湖中最大一岛名为"如意洲"，岛上建延薰山馆。湖东有水心榭、清舒山馆、文园狮子林、戒得堂、汇万总春之庙、小金山，中部为静寄山房、采菱渡、如意洲、烟雨楼，西部有芳园居、芳渚临流、长虹饮练、临芳墅、知鱼矶，其中文园狮子林和小金山分别模拟苏州狮子林和镇江金山寺。

平原区在湖泊区之北，绿茵如毯，灌木如幕，其中也经常搭建大蒙古包作为宴饮场所，仿佛是园外木兰围场的缩影。山庄西北部为山岳区，保留大量原始森林，在松云峡、梨树峪、松林峪、榛子峪等天然沟峪和北山上点缀广元宫、斗姥阁、珠源寺、碧峰寺、旃（zhān）檀林、鹫云寺、水月庵等寺观和山近轩、敞晴斋、澄观斋、宿云檐等园林建筑。

　　避暑山庄是清代最重要的皇家园林之一，清帝在此驻跸期间除了狩猎、游玩之外，还接受蒙古、藏族等少数民族领袖及属国使节的朝见，对于维系庞大帝国的安定团结有重要意义。清朝灭亡后，避暑山庄的建筑也遭到很大的破坏，但精华尚存，新中国成立后陆续修复了若干景点。避暑山庄于1994年被联合国教科文组织列入《世界遗产名录》。

清代宫廷画家绘《万树园赐宴图》（故宫博物院藏）

保定莲池

河北保定在元明清三代均为京畿重镇，城内有一片莲花池，前身为元初汝南王张柔的私家园林，后来经过多次改造，于乾隆年间扩建为行宫御苑，以供皇帝西巡途中驻跸，近现代又几次重修，大致保持清末以来的格局。

全园以南北两个水池为中心，岸边种垂柳，池中种荷花，筑小岛，岛上建宛虹亭，其余建筑、假山均环水而设。园林正门位于东北角，门内堆叠大型假山春午坡。假山西南为濯锦亭，再南为水东楼，跨桥过渠，可至篇留洞假山，山上建观澜亭。篇留洞南侧有一座三孔石桥横跨水上，相传为元代遗物。过桥至南侧的假山红枣坡，可以登临俯瞰园景，远眺城外。南池北岸为藻泳楼，其西有蕊幢精舍，辟为礼佛场所，南侧建有一座藏经楼。西岸的正厅朝东面水

河北保定莲花池宛虹亭

而立，上有民国时期题额"君子长生馆"。园西北角有一座小榭，名为"响琴"，其下即为园中水系发源处，泉声清冷，如奏雅琴。此园历经八百年沧桑，依然荷香四溢，不减昔日神采，殊为难得。

【单坡】

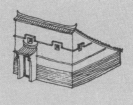

附录：中国古建筑术语表

B

抱厦 032, 116, 217, 230, 326

建筑术语，是指在建筑主体之前或之后加建的小房子，清代以前叫"龟头屋"，平面呈"凸"字形。

辟雍 157, 158

一种特殊的建筑形式，在圆形水池的中央建造一座正方形平面的殿堂，形如玉璧，象征教化流行，通常设于太学或国子监中，用于举行重大祭礼，也是皇帝亲临讲学的场所，故而号称"天子之学"。

C

穿斗式 012, 013, 066, 227, 294

古代木构建筑的主要结构体系之一，柱子之间安插穿枋和斗枋，形成一榀榀房架，檩条直接搁置在柱头上。柱子多而密，木构件较细，整体性好，抗震能力也比较强，多用于南方地区的民居等规模较小的建筑物。

D

丹陛（丹墀）024, 139, 145

古代宫殿都坐落在高大的台基上，其台阶称"陛"或"墀"，早期多涂饰红色，所以称为"丹陛"或"丹墀"。

叠涩 077, 242, 252, 259
叠涩是古代建筑的垒砌方法，大多用砖、石，有时也用木材，层层堆叠向外悬挑，以承托上面的荷载，常见于拱券、砖檐以及须弥座的束腰和墀头的拔檐等位置。

斗栱 014, 015, 019, 052, 066, 071, 076, 077, 079, 090, 170, 194, 197, 204, 215, 221, 224, 230, 242, 244, 245, 249, 256, 259, 267, 275
斗栱是中国建筑特有的一种组合式木构件，由一系列的小木块拼叠而成，大多设于柱头之上，少数设于柱间或梁架，通常用来承托上面的梁枋或屋檐。其中弓形的构件叫栱，形似方斗的构件叫斗，合称"斗栱"，宋代又叫"铺作"，清代又叫"斗科"。

E
额枋 011, 142, 242, 255, 258
额枋是中国古代建筑柱头之间的水平构件，宋代称阑额，具有联络和承重功能。

G
干阑 057, 299
干阑是一种特殊的建筑形式，底层以立柱架空，二层设置楼板，常见于南方潮湿地区的民居。

拱券 066, 077, 181, 182, 205, 229, 232, 252, 258, 291
拱券是一种建筑结构，又称券洞、法圈、法券。其外形为圆弧状，利用块料之间的侧压力建成跨空的承重结构。它除了竖向荷重时具有良好的承重特性外，还起着装饰美化的作用。

J

井干是古代建筑的一种木结构形式，不用柱子和梁枋，在四根原木两端分别开槽，相互咬合，构成长方形木框，再从下至上垒起来，形成房屋四壁，看上去很像古代水井上的围栏，顶上再加檩条，铺上木板，构成屋顶。这种方式等于用厚重的木头实墙来承重，很费木材，门窗开设受到限制，主要应用于林区民居和高级陵墓之中。

古代建筑用语，是古人在做建筑时，将构件的端部做成缓和的曲线或折线形式，使外观显得更为柔和的一种方式。

L

用金汞合金制成的金泥涂饰器物的表面，经过烘烤，汞蒸发而金固结于器物上的一种传统工艺。

P
正屋屋檐下搭建的单坡屋顶的附属建筑物。

Q
中国古建筑中一种特殊的类型，在先秦、秦汉时期极为盛行，分为木结构和石结构两大类，体量巍峨，成对竖立在宫殿、祠庙、陵寝的入口处，充当标志物。

后记

我在欧洲访学期间，经常看见老师带着一群小朋友在一座古老的教堂或一段残缺的城墙前面认真讲解，细致、准确而又通俗易懂，孩子们听得津津有味。

中国当今的中小学教育并不包含建筑知识。虽然很多孩子有机会跟着大人旅游，参观各地的古建筑，但缺乏专业的指引，很难理解其中蕴含的艺术美感、科技价值和历史文化信息。市面上倒是有许多关于古建筑的图书，可是相当一部分属于纯专业性质，内容艰深，非行外读者所能问津；还有许多普及性质的书出自非建筑人士之手，在准确性方面存在若干问题，其文字也未必适合孩子阅读。

我本人长期在清华大学建筑学院任教，除了给不同年级的本科生、研究生讲课，也会举办一些面对公众的讲座，但极少有机会给中小学生讲建筑，一直觉得很有必要专门为孩子们写一本关于中国古代建筑的书，让他们更早接触到相关的知识，受到艺术、文化的熏陶。

基于久存心头的愿望，又有幸得到北岛老师主编的"给孩子系列"丛书的召唤，便花了一年多的时间撰成这本《给孩子的中国古建筑》，希望尽量用浅白平易而又不失专业水